高等学校电子信息类系列教材

模拟电子技术实验

李文联　李　杨　主　编

西安电子科技大学出版社

内 容 简 介

　　本书根据当前高等学校模拟电子技术教学和实验的需要编写而成。全书内容包括模拟电子技术实验的基础知识、实验常用仪器和虚拟仪器的使用以及模拟电子技术基本实验、应用实验与综合设计实验。

　　本书可作为高等学校电子信息工程、通信工程、电子科学与技术、自动化、机械电子工程等理工科相关专业本科学生的模拟电子技术实验教材或参考用书，也可供高职、高专的教师和从事电子技术工作的工程技术人员参考。

图书在版编目(CIP)数据

模拟电子技术实验/李文联,李杨主编. —西安：西安电子科技大学出版社，2013.8
(2023.7重印)
ISBN 978 - 7 - 5606 - 3112 - 7

Ⅰ. ① 模… Ⅱ. ① 李… ② 李… Ⅲ. ① 模拟电路—电子技术—实验—高等学校—教材 Ⅳ. ①TN710 - 33

中国版本图书馆 CIP 数据核字(2013)第 180115 号

策　　划　杨丕勇
责任编辑　杨　柳　杨丕勇
出版发行　西安电子科技大学出版社(西安市太白南路 2 号)
电　　话　(029)88202421　88201467　　邮　　编　710071
网　　址　www.xduph.com　　　　电子邮箱　xdupfxb001@163.com
经　　销　新华书店
印刷单位　西安日报社印务中心
版　　次　2013 年 8 月第 1 版　2023 年 7 月第 2 次印刷
开　　本　787 毫米×1092 毫米　1/16　印张　6.5
字　　数　149 千字
印　　数　3001～3500 册
定　　价　20.00 元
ISBN 978 - 7 - 5606 - 3112 - 7/TN
XDUP　340400 1 - 2

＊＊＊如有印装问题可调换＊＊＊

前　言

　　本书根据当前高等学校模拟电子技术教学和实验的需要编写而成。全书共 21 个实验，具体内容包括常用电子仪器的使用、晶体管共射极单管放大器、场效应管放大器、两级电压串联负反馈放大器、电流串联负反馈、电压并联负反馈、射极输出器、差动放大器、集成运算放大器指标测试、模拟运算电路、电压比较器、波形发生器、有源滤波器、OTL 功率放大器、集成功率放大器、RC 正弦波振荡器、LC 正弦波振荡器、函数信号发生器的组装与调试、串联型晶体管稳压电路、集成稳压器及综合设计实验——信号的产生和放大电路的设计与测试。本书的主要特点是介绍了先进的虚拟仪器及其使用方法，在实验教学中引入了虚拟仪器技术进行实验，可提高实验教学的效率和水平。

　　编写本书的目的是为实验指导教师提供一个参考，使他们在开设实验项目时有所借鉴。因此，指导教师应结合各学校的教学及实验要求选用合适的项目和内容，或在此基础上设计自己的实验。

　　本书主编为李文联、李杨。参加编写的还有胡晗、李凯、沈鸿星、孙艳玲、吴可为、刘亚、吴学军、王正强、李新鄂、李国彪等。

　　本书参考了许多同仁的编写经验和资料，在此向参考文献中的所有作者表示感谢。限于编者的水平，本书难免有不足之处，敬请广大读者批评指正，以便再版时得以修正和完善。

编　者

2013 年 1 月

目　　录

绪　论

　　模拟电子技术实验是"模拟电子技术"理论教学的重要补充和继续。通过实验，学生可以对所学的知识进行验证，加深对理论的认识，还可以提高分析和解决问题的能力以及实际动手能力。模拟电子技术实验课的主要目的有：通过实验使学生熟悉电子实验室的工作环境和实验方式，比较熟练地掌握常用电子仪器和电子元器件的使用方法；通过实验使学生加深对模拟电子技术相关理论和概念的理解，培养学生在模拟电路方面的分析、设计能力；通过实验使学生在科学态度、诚信精神、互助合作、遵纪守法等多方面的综合素质有所提高。学生在完成指定的实验后，应具备以下能力：

　　（1）熟悉并掌握基本实验设备、测试仪器的性能和使用方法；

　　（2）能进行简单的具体实验的线路设计，列出实验步骤；

　　（3）掌握电子电路的构成及调试方法，系统参数的测试和整定方法，能初步设计和应用这些电路；

　　（4）能够运用理论知识对实验现象、结果进行分析和处理，能够解决实验中遇到的问题；

　　（5）能够综合实验数据，解释实验现象，编写实验报告。

　　为了在实验时能取得预期的效果，建议实验者注意以下环节。

1. 实验准备

　　实验准备即为实验的预习阶段，是保证实验顺利进行的必要步骤。每次实验前都应先进行预习，从而提高实验质量和效率，避免在实验时不知如何下手，浪费时间，完不成实验，甚至损坏实验装置。因此，实验前应做到：

　　（1）复习教材中与实验有关的内容，熟悉与本次实验相关的理论知识；

　　（2）预习实验指导书，了解本次实验的目的和内容，掌握本次实验的工作原理和方法；

　　（3）编写预习报告，其中应包括实验的详细接线图、实验步骤、数据记录表格等；

　　（4）熟悉实验所用的实验装置、测试仪器等；

　　（5）实验分组，一般情况下，电子技术实验以每组1～2人为宜。

2. 实验实施

　　在完成理论学习、实验预习等环节后，就可进入实验实施阶段。实验时要做到以下几点：

　　（1）实验开始前，指导教师要对学生的预习报告作检查，要求学生了解本次实验的目的、内容和方法，只有满足此要求后，方能允许实验开始。

　　（2）指导教师对实验装置作介绍，要求学生熟悉本次实验使用的实验设备、仪器，明确这些设备的功能、使用方法。

　　（3）按实验小组进行实验，小组成员应有明确的分工，各人的任务应在实验进行中实行轮换，使参加者都能全面掌握实验技术，提高动手能力。

（4）按预习报告上详细的实验线路图进行接线，也可由二人同时进行接线。

（5）完成实验接线后，必须进行自查：串联回路从电源的某一端出发，按回路逐项检查各仪表、设备、负载的位置、极性等是否正确、合理；并联支路则检查其两端的连接点是否在指定的位置，距离较近的两连接端应尽可能用短导线，避免干扰，距离较远的两连接端应尽量选用长导线直接连接，尽可能不用多根导线做过渡连接。自查完成后，须经指导教师复查后方可通电实验。

（6）实验时，应按实验指导书所提出的要求及步骤，逐项进行实验和操作。改接线路时，必须断开电源。实验中应观察实验现象是否正常，所得数据是否合理，实验结果是否与理论相一致。

完成本次实验全部内容后，应请指导教师检查实验数据及记录的波形。经指导教师认可后方可拆除接线，并整理好连接线、仪器、工具。

3. 电路调试和故障排除方法

（1）不通电检查。电路安装完毕后，不要急于通电，应先认真检查接线是否正确，包括错线、少线、多线。多线一般是因接线时看错引脚，或者改接线时忘记去掉原来的旧线造成的，这在实验中经常发生，而查线时又不易发现，调试时往往会给人造成错觉，以为问题是由元器件造成的。为了避免做出错误判断，通常采用两种查线方法：一种方法是按照设计的电路图检查安装的线路，即对照电路图上的连线按一定顺序逐一检查安装好的线路，这种方法比较容易找出错线和少线；另一种方法是将实际线路对照电路原理图，按照元件引脚连线的去向查找每个去处在电路图上是否存在，这种方法不但能查出错线和少线，还能检查出是否多线。

（2）通电观察。把经过准确测量的电源电压加入电路，但信号源暂不接入。电源接通之后不要急于测量数据和观察结果，首先要观察有无异常现象，包括有无冒烟，是否闻到异常气味，手摸元件是否发烫，电源是否有短路现象等。如果出现异常现象，应立即关断电源，待排除故障后方可重新通电。然后再测量各元件引脚的电源电压，而不是只测量各路总电源电压，以保证元器件正常工作。

（3）调试。调试包括测试和调整两个方面。测试是指在安装后对电路的参数及工作状态进行测量；调整是指在测试的基础上对电路的参数进行修正，使之满足设计要求。为了使测试顺利进行，设计的电路图上应标出各点的电位值、相应的波形以及其他数据。测试方法有两种：第一种是采用边安装边调试的方法，也就是把复杂的电路按原理图上的功能分成块进行安装调试，在分块调试的基础上逐步扩大安装调试的范围，最后完成整机调试，这种方法称为分块调试。采用这种方法能及时发现问题，因此是常用的方法，对于新设计的电路更是如此。另一种方法是整个电路安装完毕后，实行一次性调试。这种方法适用于简单电路或定型产品。

（4）故障排除方法。常用的故障排除方法如下：

① 直观检查法。这是一种仅依靠检修人员的直观感觉来发现故障的方法。如观察元器件和连线有无脱焊、短路、烧焦等现象；触摸元器件是否发烫；调节开关、旋钮，看是否能够正常使用等。

② 参数测量法。用万用表检测电路的各级直流电压值、电流值，并与正常理论值（图

纸上的标定值或电路正常工作时的实测值)进行比较,从而发现故障。这是检修时最有效可行的一种方法。如测量整机电流时发现电流过大,则说明可能有短路性故障;反之,则说明可能有开路性故障。进一步测量各部分单元电压或电源可查出哪一级电路不正常,从而找到故障部位。

③ 电阻测量法。这种方法是在切断电源后,用万用表的欧姆挡测电路某两点间的电阻,从而检查出电路的通断。如检查开关触点是否接触良好,线圈内部是否断路,电容是否漏电,管子是否击穿等。

④ 信号寻迹法。这种方法常用于检查放大级电路。用信号发生器对被检查电路输入一个频率、幅度合适的信号,用示波器从前往后逐级观测各级信号波形是否正常或有无波形输出,从而发现故障部位。

⑤ 替代法。该法通过分析故障现象,大致确定故障的可能部位和可疑元器件,用好的元器件替代被怀疑有问题的元器件来发现并排除故障。若故障消失,则说明被怀疑的元器件的确坏了,同时故障也排除了。

⑥ 短接旁路法。这种方法适用于检查交流信号传输过程中的电路故障,若短接后电路正常了,则说明故障在中间连线或插接环节。短接旁路法主要用于检查自激振荡及各种杂音的故障现象。具体方法为:将电容(中高频部分用小电容,低频部分用大电容)一端接地,另一端由后向前逐级并接到各测试点,使该点对地交流短路。若测到某点时,故障消失,则说明故障部位就在这一点的前一级电路。

⑦ 电路分割法。若一个故障现象牵连电路较多而难以找到故障点,这时可把有牵连的各部分电路逐步分割,缩小故障的检查范围,逐步逼近故障点。

4. 实验总结

实验的最后阶段是实验总结,即对实验数据进行整理,绘制波形曲线和图表,分析实验现象,撰写实验报告。每个实验参与者都要独立完成一份实验报告,实验报告的编写应持严肃认真、实事求是的科学态度。如实验结果与理论值有较大出入,不得随意修改实验数据和结果,不得用凑数据的方法向理论值靠近,而应用理论知识来分析实验数据和结果,解释实验现象,找到引起较大误差的原因。另外,还应认真完成思考题,总结实验的经验和教训。

实验一　常用电子仪器的使用

一、实验目的

(1) 掌握模拟电子技术实验中常用电子仪器(函数信号发生器、交流毫伏表、示波器等仪器)以及虚拟仪器的一般使用方法。

(2) 掌握模拟电路测量技术和测试方法，为后续实验打好基础。

二、仪器的基本组成及使用方法

(一) 常规仪器

1. 函数信号发生器

函数信号发生器主要由信号产生电路、信号放大电路等部分组成，可输出正弦波、方波、三角波三种信号波形。输出信号电压幅度可由输出幅度调节旋钮进行调节，输出信号频率可通过频段选择及调频旋钮进行调节。

(1) 用途：为电路提供可调频率和电压幅值的信号。

(2) 使用方法：首先打开电源开关，通过"波形选择"开关选择所需信号波形，通过"频段选择"开关找到所需信号频率所在的频段，配合"调频"旋钮找到所需信号频率，通过"调幅"旋钮得到所需信号幅度。

2. 交流毫伏表

交流毫伏表是一种用于测量正弦电压有效值的电子仪器，主要由分压器、交流放大器、检波器等主要部分组成，其电压测量范围为 1 mV～300 V，分十个量程。

(1) 用途：测量电路中正弦波信号的有效值。

(2) 使用方法：将"测量范围"开关放到最大挡(300 V)后接通电源，将输入端短路，使"测量范围"开关置于最小挡(10 mV)，调节"零点校准"旋钮使电表指示为 0。去掉短路线，接入被测信号电压，根据被测电压的数值，选择适当的量程，若事先不知被测电压的范围，应先将量程放到最大挡，再根据读数逐步减小量程，直到合适的量程为止。使用完后，应将选择"测量范围"开关放到最大量程挡，然后关掉电源。

(3) 注意事项：① 接短路线时，应先接地线后接另一根线，取下短路线时，应先取另一根线后取地线；② 测量时，仪器的地线应与被测电路的地线接在一起。

3. 示波器

示波器是一种用途十分广泛的电子测量仪器，它能把肉眼看不见的电信号变换成看得见的图像，便于人们研究各种电现象的变化过程。示波器利用狭窄的、由高速电子组成的电子束打在涂有荧光物质的屏面上可产生细小的光点。在被测信号的作用下，电子束就好像一支笔的笔尖，可以在屏面上描绘出被测信号瞬时值的变化曲线。利用示波器能观察各种不同信号幅度随时间变化的波形曲线，还可以用它测试各种不同的电量，如电压、电流、频率、相位差、调幅度等。

示波器可以分为模拟示波器和数字示波器,对于大多数的电子应用,无论模拟示波器还是数字示波器都是可以胜任的,只是在一些特定的应用中,才指定采用模拟示波器或数字示波器。

模拟示波器直接测量信号电压,并且通过从左到右扫过示波器屏幕的电子束在垂直方向描绘信号电压的波形;数字示波器首先通过模拟数字转换器(ADC)把被测电压转换为数字信息,这些数字信息就是信号波形的样值。然后,数字示波器捕获一系列样值,并对样值进行存储(存储限度是累计的样值能描绘出波形),随后数字示波器再根据样值重构波形。

(1) 示波器的组成。示波器主要由示波管(显示电路)、垂直放大电路、水平放大电路、扫描和同步电路、电源供给电路等部分组成。其结构如图1-1所示。

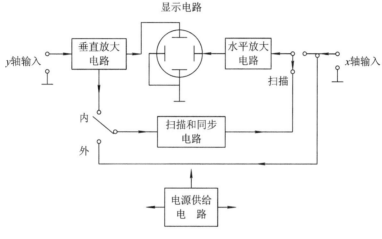

图1-1　示波器结构

① 示波管是一种特殊的电子管,由电子枪、偏转系统和荧光屏三个部分组成。电子枪用于产生并形成高速、聚束的电子流,以轰击荧光屏使之发光。示波管的偏转系统大都是静电偏转式,由两对相互垂直的平行金属板组成,分别称为水平偏转板和垂直偏转板,分别控制电子束在水平方向和垂直方向的运动。当电子在偏转板之间运动时,如果偏转板上没有加电压,则偏转板之间无电场,离开第二阳极后进入偏转系统的电子将沿轴向运动,射向屏幕的中心。如果偏转板上有电压,则偏转板之间有电场,进入偏转系统的电子会在偏转电场的作用下射向荧光屏的指定位置。荧光屏位于示波管的终端,它的作用是将偏转后的电子束显示出来,以便观察。在示波器的荧光屏内壁涂有一层发光物质,因而,荧光屏上受到高速电子冲击处就显现出荧光。此时光点的亮度取决于电子束的数目、密度及速度。改变控制极的电压时,电子束中电子的数目将随之改变,光点亮度也会改变。在使用示波器时,不宜让很亮的光点固定出现在示波管荧光屏的一个位置上,否则该点荧光物质将因长期受电子冲击而烧坏,从而失去发光能力。涂有不同荧光物质的荧光屏,在受电子冲击时将显示出不同的颜色和不同的余辉时间,通常供观察一般信号波形用的是发绿光的中余辉示波管;供观察非周期性及低频信号用的是发橙黄色光的长余辉示波管;供照相用的示波器中,一般都采用发蓝色光的短余辉示波管。

② 垂直(y 轴)放大电路：示波管的偏转灵敏度较低，例如常用的 13SJ38J 型示波管的垂直偏转灵敏度为 0.86 mm/V（约 12 V 电压产生 1 cm 的偏转量），所以一般的被测信号电压都要先经过垂直放大电路的放大，再加到示波管的垂直偏转板上，以得到垂直方向的适当大小的图形。

③ 水平(x 轴)放大电路：由于示波管水平方向的偏转灵敏度也很低，所以接入示波管水平偏转板的电压（锯齿波电压或其他电压）也要先经过水平放大电路的放大以后，再加到示波管的水平偏转板上，以得到水平方向适当大小的图形。

④ 扫描电路：用于产生一个锯齿波电压，该锯齿波电压的频率能在一定的范围内连续可调。锯齿波电压的作用是使示波管阴极发出的电子束在荧光屏上形成周期性的、与时间成正比的水平位移，即形成时间基线。这样才能把加在垂直方向的被测信号按时间的变化波形展现在荧光屏上。

（2）示波器的波形显示原理。当直流电压加到示波管一对偏转板上时，将使光点在荧光屏上产生一个固定位移，该位移的大小与所加直流电压成正比。如果分别将两个直流电压同时加到垂直和水平两对偏转板上，则荧光屏上的光点位置就由两个方向的位移所共同决定。

如果将被测信号电压加到垂直偏转板上，锯齿波扫描电压加到水平偏转板上，而且被测信号电压的频率等于锯齿波扫描电压的频率，则荧光屏上将显示出一个周期的被测信号电压随时间变化的波形曲线。

在实际应用中，为使荧光屏上的图形稳定，被测信号电压的频率应与锯齿波电压的频率保持整数比的关系，即同步关系。为了实现这一点，就要求锯齿波电压的频率连续可调，以便适应观察各种不同频率的周期信号。另外，由于被测信号频率和锯齿波振荡信号频率具有相对不稳定性，即使把锯齿波电压的频率临时调到与被测信号频率成整倍数关系，也不能使图形一直保持稳定，因此，示波器中都设有同步装置，也就是在锯齿波电路的某部分加上一个同步信号来促使扫描的同步。对于只能产生连续扫描（即产生周而复始连续不断的锯齿波）一种状态的简易示波器（如国产 SB - 10 型示波器等）而言，需要在其扫描电路上输入一个与被观察信号频率相关的同步信号，当所加同步信号的频率接近锯齿波频率的自主振荡频率（或接近其整数倍）时，就可以把锯齿波频率"拖入同步"或"锁住"；对于具有等待扫描（即平时不产生锯齿波，当被测信号来到时才产生一个锯齿波进行一次扫描）功能的示波器（如国产 ST - 16 型示波器、SBT - 5 型同步示波器、SR - 8 型双踪示波器等）而言，需要在其扫描电路上输入一个与被测信号相关的触发信号，使扫描过程与被测信号密切配合。这样，只要按照需要来选择适当的同步信号或触发信号，便可使任何欲研究的过程与锯齿波扫描频率保持同步。

（3）示波器的用途：① 用来观察电路中各种信号波形、信号相位，分析电路是否正常工作。② 用来测量交流信号的电压幅值 U_{P-P}、周期 T、频率 f。

（4）示波器的使用方法：打开电源开关，适当调节垂直和水平移位旋钮，将光点或亮线移至荧光屏的中心位置。观测波形时，将被观测信号通过专用电缆线与 Y1（或 Y2）输入插口接通，将触发方式开关置于"自动"位置，触发源选择开关置于"内"，改变示波器扫速开关及 Y 轴灵敏度开关，即可在荧光屏上显示出一个或数个稳定的信号波形。

（二）虚拟仪器（VI）

虚拟仪器实际上就是一种基于计算机的自动化测试仪器系统，是随着计算机技术、现代测量技术发展起来的新型高科技产品，是计算机技术与电子仪器相结合而产生的一种新的仪器模式。虚拟仪器由个人计算机、模块化的功能硬件和用于数据分析、过程通信及图形用户界面的应用软件有机结合构成，是一个具有各种测量功能的数字化测量平台。虚拟仪器利用软件在屏幕上生成各种仪器面板，完成对数据的采集、处理、传送、存储、显示和打印等功能，形成既有普通仪器的基本功能，又有一般仪器所没有的特殊功能的新型仪器。虚拟仪器是现代计算机技术和仪器技术完美结合的产物，是测试仪器经过模拟仪器、智能仪器后的第三代仪器，它功能强大，可实现示波器、逻辑分析仪、频谱仪、信号发生器等多种普通仪器的全部功能。

虚拟仪器由硬件和软件两部分组成。与传统仪器一样，虚拟仪器同样划分为数据采集、数据分析、结果表达三大功能模块，如图 1-2 所示。虚拟仪器以透明方式把计算机资源和仪器硬件的测试能力相结合，实现仪器的功能运作。

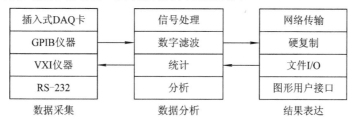

图 1-2 虚拟仪器系统功能模块

虚拟仪器的硬件主体是电子计算机。电子计算机及其配置的电子测量仪器硬件模块组成了虚拟仪器测试硬件平台的基础。电子测量仪器硬件模块由各种传感器、信号调理器、模拟/数字转换器（ADC）、数字/模拟转换器（DAC）、数据采集器（DAQ）等组成。

虚拟仪器系统的构成有多种方式，主要取决于系统所采用的硬件和接口方式，其基本构成如图 1-3 所示。

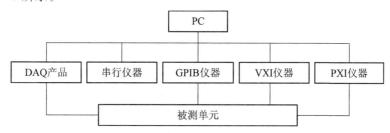

图 1-3 虚拟仪器系统基本构成

按数据采集/激励模块所用仪器硬件的不同，现有的虚拟仪器系统主要可分为 DAQ 产品、串行仪器、GPIB 仪器、VXI 仪器、PXI 仪器等不同的体系结构。虽然各种体系结构的虚拟仪器都能和计算机共享系统资源，如利用计算机的系统内存、DMA 和中断资源进行数据采集，利用计算机的微处理器和系统内存进行数据分析与处理，利用计算机的显示器和图形能力进行人机交互等，但不同体系结构的虚拟仪器与计算机共享系统资源的程度是不同的，其应用场合也各不相同。最简单的是，基于 PC 总线的插卡式仪器（DAQ 产品），也包括带 GPIB 接口和串行接口的仪器，它们是满足一般科学研究与工程领域测试任务要求的虚拟仪器；而 VXI 仪器和 PXI 仪器则是用于高可靠性的关键任务的高端虚拟仪器。

虚拟仪器系统利用现代仪器技术和计算机软件、硬件综合集成技术彻底打破了传统仪器由厂家定义、用户无法改变的模式，给用户完成测量任务提供了方便、快捷的工具。

DSO500 五合一虚拟仪器是一种基于 PC 总线的虚拟仪器，它由 PCS500 分机和 PCG10 分机组成，是通过并口与计算机连接，显示、存储和打印波形在计算机上完成，所有在屏幕上显示的波形都能以文档方式保存或进行波形比较。DSO500 通过光耦合与计算机完全隔离，确保了操作人员和实验室设备的安全，对仪器操作还不熟悉的操作者，此功能非常重要。DSO500 虚拟仪器硬件如图 1-4 所示，虚拟信号发生器软件面板如图 1-5 所示，虚拟示波器软件面板如图 1-6 所示。

图 1-4　DSO500 虚拟仪器

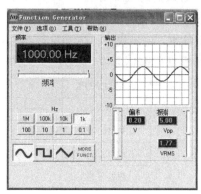

图 1-5　虚拟信号发生器面板

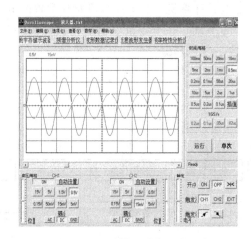

图 1-6　虚拟示波器面板

DSOLAB500U 虚拟综合测试仪也是一种基于 PC 总线的虚拟仪器，该仪器充分利用现有计算机资源，配以独特设计的软件，可以实现传统的通用台式仪器的全部功能以及一些在传统仪器上无法实现的功能。DSOLAB 虚拟综合测试仪不但功能丰富，测量准确，界面友好，操作简易，而且体积小，耗电省，广泛适用于面积狭小的工位以及野外作业、移动式车辆等操作环境，它的优异性能和友好的虚拟软面板工作界面也很适合学校实验室、仪器仪表维修等现场。DSOLAB500U 虚拟仪器硬件的外观如图 1-7 所示，虚拟信号发生器软件面板如图 1-8 所示，虚拟示波器软件面板如图 1-9 所示，虚拟电压表软件面板如图 1-10 所示。

图 1-7　DSOLAB500U 虚拟仪器硬件外观

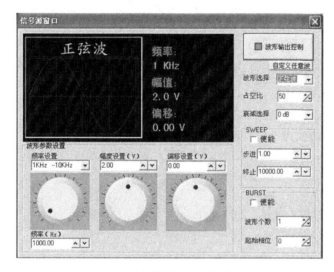

图 1-8　虚拟信号发生器软件面板

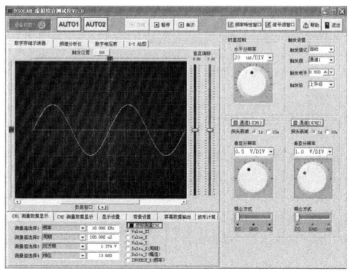

图 1-9　虚拟示波器软件面板

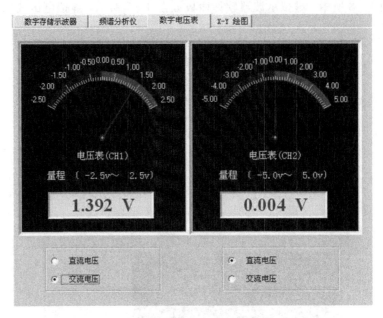

图 1-10　虚拟电压表软件面板

　　DSOLAB500U 的使用方法比较简单：启动计算机，将 DSOLAB500U 虚拟仪器硬件接入计算机 USB 接口，启动 DSOLAB500U 虚拟仪器软件，就可像使用传统仪器一样使用虚拟仪器了。

三、实验设备、部件与器件

　　(1) 函数信号发生器；
　　(2) 交流毫伏表；
　　(3) 双踪示波器；
　　(4) 虚拟仪器(选用)。

四、预习要求

　　(1) 详细了解上述电子仪器的功能和使用方法。
　　(2) 熟悉实验内容。

五、实验内容

　　(1) 从函数信号发生器输出的频率分别为 100 Hz、1 kHz、10 kHz、100 kHz(峰-峰值为 1 V)的正弦波、方波、三角波信号，用示波器观察并在实验报告上画出波形。

　　(2) 从函数信号发生器输出的频率分别为 100 Hz、1 kHz、10 kHz，幅值分别为20 mV 和 200 mV(有效值)的正弦波信号，用示波器和交流毫伏表进行参数的测量并将测量结果填入表 1-1。

表 1 - 1

信号频率	信号电压毫伏表读数	示波器测量值		示波器测量值	
		峰-峰值	有效值	周期/mS	频率/Hz
100 Hz					
1 kHz					
10 kHz					

（3）用虚拟仪器的信号发生器输出频率分别为 100 Hz、1 kHz、10 kHz，幅值分别为 20 mV 和 200 mV（有效值）的正弦波信号，用示波器和电压表进行参数的测量并将测量结果填入表 1 - 2，将虚拟示波器显示的波形保存或截图后打印出来。

表 1 - 2

信号频率	信号电压电压表读数	示波器测量值		示波器测量值	
		峰-峰值	有效值	周期/mS	频率/Hz
100 Hz					
1 kHz					
10 kHz					

六、实验报告要求

（1）整理实验数据，并进行分析。

（2）总结常用电子仪器的使用方法。

七、思考题

（1）开机后，示波器的屏幕上有一水平亮线，当接入信号后，屏幕无反应，应检查哪部分或调节哪个旋钮？

（2）当用示波器观察波形时，为达到下列的要求，应该调节哪些旋钮？请填下列表格。

波形要求	调节旋钮	波形要求	调节旋钮
波形清晰		改变波形周期	
亮度适中		改变波形幅度	
移动波形		稳定波形	

（3）函数信号发生器有哪几种输出波形？它的输出端能否短接？如用屏蔽线作为输出引线，则屏蔽层一端应该接在哪个接线柱上？

（4）交流毫伏表是用来测量正弦波电压还是非正弦波电压的？它的表头指示值是被测信号的什么数值？它是否可以用来测量直流电压的大小？

实验二　晶体管共射极单管放大器

一、实验目的

（1）学会放大器静态工作点的调试方法；了解静态工作点对放大器性能的影响；了解放大电路的失真及消除方法。

（2）掌握放大器电压放大倍数、输入电阻、输出电阻及最大不失真输出电压的测试方法。

（3）熟悉常用电子仪器及模拟电路实验设备的使用。

二、实验原理

图 2-1 为典型的工作点稳定的阻容耦合晶体管共射极单管放大器实验原理图。它的偏置电路采用 R_{B1} 和 R_{B2} 组成的分压电路，并在发射极中接有电阻 R_E，以稳定放大器的静态工作点。当在放大器的输入端输入信号 U_i 后，在放大器的输出端便可得到一个与 U_i 相位相反，幅值被放大了的输出信号 U_o，从而实现了电压放大。

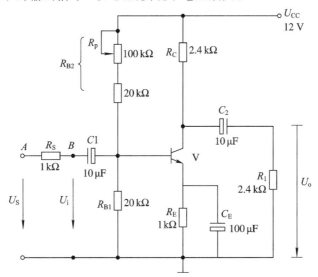

图 2-1　晶体管共射极单管放大器实验电路

在图 2-1 电路中，静态工作点可用下式估算：

$$U_B \approx \frac{R_{B1}}{R_{B1}+R_{B2}}U_{CC}$$

$$I_E = \frac{U_B - U_{BE}}{R_E} \approx I_C$$

$$U_{CE} = U_{CC} - I_C(R_C + R_E)$$

电压放大倍数：

$$A_V = -\beta \frac{R_C /\!/ R_L}{r_{BE}}$$

输入电阻：

$$R_i = R_{B1} /\!/ R_{B2} /\!/ r_{BE}$$

输出电阻

$$R_o \approx R_C$$

放大器的测量和调试一般包括放大器静态工作点的测量与调试，消除干扰与自激振荡及放大器各项动态参数的测量与调试等。

1. 放大器静态工作点的测量与调试

1）静态工作点的测量

测量放大器的静态工作点，应在输入信号 $U_i = 0$ 的情况下进行，即将放大器输入端与地端短接，然后选用量程合适的直流毫安表和直流电压表，分别测量晶体管的集电极电流 I_C，及各电极对地的电位 U_B、U_C 和 U_E。实验中为了避免断开集电极，通常采用测量电压，然后算出 I_C 的方法。例如，只要测出 U_E，即可用 $I_C \approx I_E = \dfrac{U_E}{R_E}$ 算出 I_C（也可根据 $I_C = \dfrac{U_{CC} - U_C}{R_C}$，由 U_C 确定 I_C），同时也能算出 $U_{BE} = U_B - U_E$，$U_{CE} = U_C - U_E$。为了减小误差，提高测量精度应选用内阻较高的直流电压表。

2）静态工作点的调试

静态工作点是否合适，对放大器的性能和输出波形都有很大影响。如工作点偏高，放大器在加入交流信号以后易产生饱和失真，此时 U_o 的负半周将被削底，如图 2-2(a) 所示；如工作点偏低则易产生截止失真，即 U_o 的正半周被缩顶（一般截止失真不如饱和失真明显），如图 2-2(b) 所示。这些情况都不符合不失真放大的要求。所以在选定工作点以后还必须进行动态调试，即在放大器的输入端加入一定的 U_i，检查输出电压 U_o 的大小和波形是否满足要求，如不满足，则应调节静态工作点的位置。

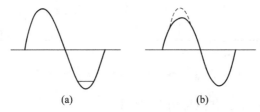

(a)   (b)

图 2-2 静态工作点对 U_o 波形失真的影响

电源电压 U_{CC} 和电路参数 R_C、R_B（R_{B1}、R_{B2}）都会引起静态工作点的变化，如图 2-3 所示。但通常多采用调节偏置电阻 R_{B2} 的方法来改变静态工作点，如减小 R_{B2}，则可使静态工作点提高等。

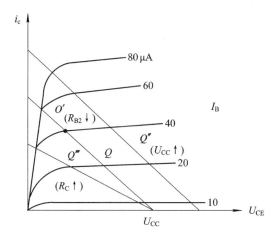

图 2-3　电路参数对静态工作点的影响

最后还要说明的是，上面所说的工作点"偏高"或"偏低"不是绝对的，应该是相对信号的幅度而言的。如信号幅度很小，即使工作点较高或较低也不一定会出现失真。所以确切地说，产生波形失真是信号幅度与静态工作点设置不匹配所致。如需满足较大信号幅度的要求，静态工作点最好尽量靠近交流负载线的中点。

2. 放大器动态指标测试

放大器动态指标包括电压放大倍数、输入电阻、输出电阻、最大不失真输出电压（动态范围）和通频带等。

1）电压放大倍数 A_V 的测量

调整放大器到合适的静态工作点，然后加入输入电压 U_i，在输出电压 U_o 不失真的情况下，用交流毫伏表测出有效值 U_i 和 U_o，则

$$A_V = \frac{U_o}{U_i}$$

2）输入电阻 R_i 的测量

为了测量放大器的输入电阻，按图 2-4 电路，在被测放大器的输入端与信号源之间串入一已知电阻 R。在放大器正常工作情况下，用交流毫伏表测出 U_S 和 U_i，则根据输入电阻的定义可得

$$R_i = \frac{U_i}{I_i} = \frac{U_i}{\dfrac{U_R}{R}} = \frac{U_i}{U_S - U_i} R$$

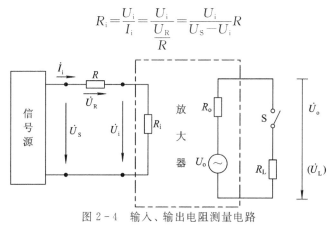

图 2-4　输入、输出电阻测量电路

测量时应注意：

（1）由于电阻 R 两端没有电路公共接地点，所以测量 R 两端电压 U_R 时必须分别测出 U_S 和 U_i，然后按 $U_R = U_S - U_i$ 求出 U_R 值。

（2）电阻 R 的值不宜取得过大或过小，以免产生较大的测量误差，通常取 R 与 R_i 为同一数量级为好，本实验可取 $R = 1 \sim 2 \ k\Omega$。

3）输出电阻 R_o 的测量

按图 2-4 电路，在放大器正常工作条件下，测出输出端不接负载 R_L 时的输出电压 U_o 和接入负载后的输出电压 U_L，根据

$$U_L = \frac{R_L}{R_o + R_L} U_o$$

即可求出 R_o。

$$R_o = \left(\frac{U_o}{U_L} - 1 \right) R_L$$

在测试中应注意：必须保持 R_L 接入前后输入信号的大小不变。

4）最大不失真输出电压 U_{opp} 的测量（最大动态范围）

如上所述，为了得到最大动态范围，应将静态工作点调在交流负载线的中点。为此在放大器正常工作情况下，逐步增大输入信号的幅度，并同时调节 R_P（改变静态工作点），用示波器观察 U_o，当输出波形同时出现削底和缩顶现象（见图 2-5）时，说明静态工作点已调至交流负载线的中点，然后调整输入信号，使波形输出幅度最大且无明显失真时，用交流毫伏表测出 U_o（有效值），则动态范围等于 $2\sqrt{2}U_o$，或用示波器直接读出 U_{opp}。

图 2-5 静态工作点正常，输入信号太大引起的失真

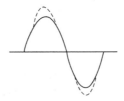

图 2-5　静态工作点正常，输入信号太大引起的失真

5）放大器频率特性的测量

放大器的频率特性是指放大器的电压放大倍数 A_V 与输入信号频率 f 之间的关系曲线。单管阻容耦合放大电路的幅频特性曲线如图 2-6 所示，A_{Vm} 为中频电压放大倍数。通常规定电压放大倍数随频率变化降到中频放大倍数的 $1/\sqrt{2}$ 倍，即 $0.707 A_{Vm}$ 所对应的频率分别称为下限频率 f_L 和上限频率 f_H，则通频带

$$f_{BW} = f_H - f_L$$

放大器的幅频特性就是测量不同频率信号时的电压放大倍数 A_V。为此可采用前述测量 A_V 的方法，每改变一个信号频率，测量其相应的电压放大倍数。测量时应注意取点要恰当，在低频段与高频段应多测几点，在中频段可以少测几点。此外，在改变频率时，要保持输入信号的幅度不变，且输出波形不得失真。

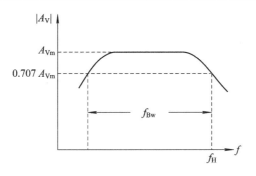

图 2-6 幅频特性曲线

放大器中的晶体三极管可选用 3DG6 或 9011 等三极管，常用三极管的引脚排列如图 2-7所示。

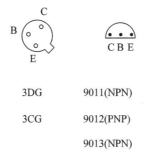

3DG   9011(NPN)

3CG   9012(PNP)

     9013(NPN)

图 2-7 常用三极管的引脚排列

三、实验设备、部件与器件

（1）＋12 V 直流电源；

（2）函数信号发生器；

（3）双踪示波器；

（4）交流毫伏表；

（5）直流电压表

（6）直流毫安表；

（7）频率计；

（8）万用电表；

（9）晶体三极管 3DG6 或 9011；

（10）虚拟仪器（选用）。

四、预习要求

（1）了解什么叫静态工作点。如何测量。

（2）了解静态工作点对放大器性能有何影响。

（3）阅读教材中有关单管放大电路的内容并估算实验电路的性能指标。

假设：3DG6 的 $\beta=100$，$R_{B1}=20\ \text{k}\Omega$，$R_{B2}=60\ \text{k}\Omega$，$R_C=2.4\ \text{k}\Omega$，$R_L=2.4\ \text{k}\Omega$。

估算放大器的静态工作点，电压放大倍数 A_V，输入电阻 R_i 和输出电阻 R_o。

（4）考虑当调节偏置电阻 R_{B1}，使放大器输出波形出现饱和或截止失真时，晶体管的管压降 U_{CE} 怎样变化。

（5）考虑改变静态工作点对放大器的输入电阻 R_i 有否影响。改变外接电阻 R_L 对输出电阻 R_o 有否影响。

五、实验内容

实验电路如图 2-8 所示，本实验利用其中的第一级放大器。各电子仪器可按图 2-9 所示方式连接，为防止干扰，各仪器的公共端必须连在一起，同时信号源、交流毫伏表和示波器的引线应采用专用电缆线或屏蔽线。如使用屏蔽线，则屏蔽线的外包金属网应接在公共接地端上，断开 C_{f2}、R_{f2} 支路和 C_f、R_f，并短路 R_{f1}。

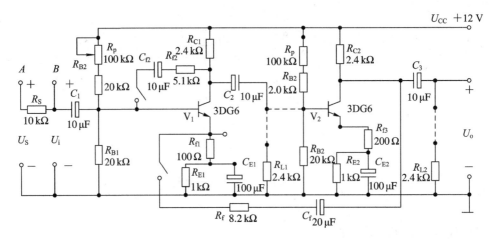

图 2-8　实验电路

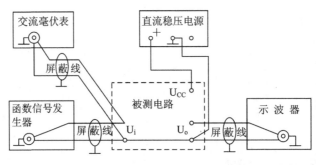

图 2-9　电子仪器连接方式

（1）测量静态工作点。

接通电源前，将 R_{P1} 调至最大，使得放大器工作点最低，函数信号发生器输出旋钮旋至零。

接通 +12 V 电源、调节 R_{P1}，使 $I_C = 2.0$ mA（即 $U_E = 2.0$ V），用直流电压表测量 U_B、U_E、U_C 的值，记入表 2-1。

表 2-1

$I_C = 2.0 \text{ mA}$

测 量 值			计 算 值		
U_B/V	U_E/V	U_C/V	U_{BE}/V	U_{CE}/V	$I_C/mA \approx I_E$

（2）测量电压放大倍数。

在放大器输入端（B 点）加入频率为 1 kHz 的正弦信号，调节函数信号发生器的输出旋钮，使 $U_i = 5$ mV。同时用示波器观察放大器输出电压 U_o（R_{L1} 两端）的波形，在波形不失真的条件下用交流毫伏表测量下述两种情况下的 U_o 值，并用双踪示波器观察 U_o 和 U_i 的相位关系，记入表 2-2。

表 2-2

（$I_C = 2.0 \text{ mA}$　$U_i = 5 \text{ mV}$）

$R_C/k\Omega$	$R_L/k\Omega$	U_o/V	A_V	观察记录一组 U_o 和 U_i 波形
2.4	∞			
2.4	2.4			

（3）观察静态工作点对电压放大倍数的影响。

置 $R_{C1} = 2.4$ kΩ，$R_{L1} = \infty$，U_i 适量，调节 R_{P1}，用示波器监视输出电压波形，在 U_o 不失真的条件下，测量数组 I_C 和 U_o 值，记入表 2-3。

表 2-3

（$R_C = 2.4 \text{ kΩ}$　$R_L = \infty$　$U_i = 5 \text{ mV}$）

I_C/mA			2.0	
U_o/mV				
A_V				

（4）观察静态工作点对输出波形失真的影响。

置 $R_C = 2.4$ kΩ，$R_L = 2.4$ kΩ，$U_i = 0$，调节 R_{P1} 使 $I_C = 1.5$ mA，测出 U_{CE} 值。再逐步加大输入信号，使输出电压 U_o 足够大但不失真。然后保持输入信号不变，分别增大和减小 R_{P1}，使波形出现失真，绘出 U_o 的波形，并测出失真情况下的 I_C 和 U_{CE} 值，记入表 2-4 中。每次测 I_C 和 U_{CE} 值时都要将信号源的输出旋钮旋至零。

表 2-4

（$R_C = 2.4 \text{ kΩ}$，$R_L = \infty$，$U_i =$　mV）

I_C/mA	U_{CE}/V	U_o 波形	失真情况	管子工作状态
1.5				

(5) 测量最大不失真输出电压。

置 $R_C=2.4\ \text{k}\Omega$，$R_L=2.4\ \text{k}\Omega$，按照最大不失真输出电压 U_{opp} 的测量方法，同时调节输入信号的幅度和电位器 R_{P1}，用示波器和交流毫伏表测量 U_{opp} 及 U_o 值，记入表 2-5。

表 2-5 $\qquad\qquad\qquad\qquad\qquad\qquad$ ($R_C=2.4\ \text{k}\Omega$ $R_L=2.4\ \text{k}\Omega$)

I_C/mA	U_i/mV	U_{Cm}/V	U_{opp}/V

(6) 测量输入电阻和输出电阻。

置 $R_{C1}=2.4\ \text{k}\Omega$，$R_{L1}=2.4\ \text{k}\Omega$，$I_C=2.0\ \text{mA}$。输入 $f=1\ \text{kHz}$ 的正弦信号（在 A 点输入），在输出电压 U_o 不失真的情况下，用交流毫伏表测出 U_S、U_i 和 U_L，记入表 2-6。

保持 U_S 不变，断开 R_L，测量输出电压 U_o，也记入表 2-6。

表 2-6 $\qquad\qquad\qquad\qquad$ ($I_C=2.0\ \text{mA}$ $R_C=2.4\ \text{k}\Omega$ $R_{L1}=2.4\ \text{k}\Omega$)

U_o/mA	U_i/mV	$R_i/\text{k}\Omega$		U_L/V	U_o/V	$R_o/\text{k}\Omega$	
		测量值	计算值			测量值	计算值

(7) 测量幅频特性曲线。

取 $I_C=2.0\ \text{mA}$，$R_{C1}=2.4\ \text{k}\Omega$，$R_{L1}=2.4\ \text{k}\Omega$。保持输入信号 U_i（B 点输入）的幅度不变，改变信号源频率 f，逐点测出相应的输出电压 U_o，记入表 2-7。

表 2-7 $\qquad\qquad\qquad\qquad\qquad\qquad\qquad\qquad\qquad\qquad$ $U_i=\quad$ mV

	f_L	f_o	f_H
f/kHz			
U_o/V			
$A_V=U_o/U_i$			

为了频率 f 取值合适，可先粗测一下，找出中频范围，然后再仔细读数。

说明：本实验内容较多，其中(6)、(7)可作为选作内容。本实验内容中均可用虚拟仪器代替常规测量仪器进行测量，并可将波形存储和打印。

六、实验报告要求

(1) 列表整理测量结果，并把实测的静态工作点、电压放大倍数、输入电阻、输出电阻之值与理论计算值比较（取一组数据进行比较），分析产生误差原因。

(2) 总结 R_C、R_L 及静态工作点对放大器放大倍数、输入电阻、输出电阻的影响。

(3) 讨论静态工作点变化对放大器输出波形的影响。

(4) 分析讨论在调试过程中出现的问题。

七、思考题

(1) 能否用数字万用表直接测量晶体管的 U_{BE}？为什么实验中要采用测 U_B、U_E，再间

接算出 U_{BE} 的方法？

（2）在测试 A_V，r_i 和 r_o 时怎样选择输入信号的幅度和频率？为什么信号频率一般选 1 kHz，而不选 100 kHz 或更高？

（3）测试中，如果将信号源、交流毫伏表、示波器中任一仪器的两个测试端子接线换位（即各仪器的接地端不再连在一起），将会出现什么问题？

（4）如果 U_o 的波形底部失真，说明 I_C 是最大还是最小？应调整哪些参数使之正常放大？同样如果 U_o 的波形顶部失真，应调整哪些参数较简捷？

实验三 场效应管放大器

一、实验目的

(1) 了解结型场效应管的性能和特点。

(2) 进一步熟悉放大器动态参数的测试方法。

二、实验原理

场效应管是一种电压控制型器件，按结构可分为结型和绝缘栅型两种类型。由于场效应管栅源之间处于绝缘或反向偏置，所以输入电阻很高（一般可达上百兆欧），加之制造工艺较简单，便于大规模集成，因此得到越来越广泛的应用。

(1) 结型场效应管的特性和参数。

场效应管的特性主要有输出特性和转移特性。图 3-1 所示为 N 沟道结型场效应管 3DJ6F 的输出特性和转移特性曲线。其直流参数主要有饱和漏极电流 I_{DSS}，夹断电压 U_P 等。交流参数主要有低频跨导

$$g_m = \frac{I_D}{U_{GS}}\Big|_{U_{DS}=常数}$$

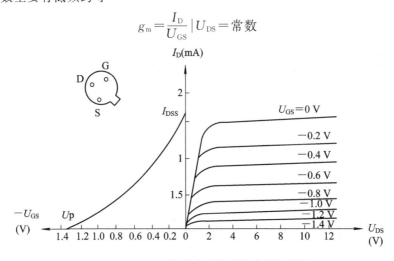

图 3-1 3DJ6F 的输出特性和转移特性曲线

表 3-1 列出了 3DJ6F 的典型参数值及测试条件

表 3-1

参数名称	饱和漏极电流 I_{DSS}/mA	夹断电压 U_P/V	跨导 $g_m/(\mu A/V)$
测试条件	$U_{DS}=10\ V$　$U_{GS}=0\ V$	$U_{DS}=10\ V$　$I_{DS}=50\ \mu A$	$U_{DS}=10\ V$　$I_{DS}=3\ mA$ $F=1\ kHz$
参数值	$1\sim3.5$	$<\lvert-9\rvert$	>100

（2）场效应管放大器性能分析。

图 3-2 为结型场效应管组成的共源极放大电路。其静态工作点

$$U_{GS} = U_G - U_S = \frac{R_{g1}}{R_{g1} + R_{g2}} U_{DD} - I_D R_S$$

$$I_D = I_{DSS} \left(1 - \frac{U_{GS}}{U_P} \right)^2$$

中频电压放大倍数

$$A_V = -g_m R'_L = -g_m R_D /\!/ R_L$$

输入电阻

$$R_i = R_G + R_{g1} /\!/ R_{g2}$$

输出电阻

$$R_o \approx R_D$$

式中跨导 g_m 可由特性曲线用作图法求得，或用公式

$$g_m = -\frac{2 I_{DSS}}{U_P} \left(1 - \frac{U_{GS}}{U_P} \right)$$

计算。但要注意，计算时 U_{GS} 要用静态工作点处之数值。

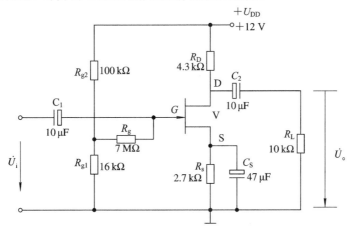

图 3-2 结型场效应管共源极放大器

（3）输入电阻的测量方法。

场效应管放大器的静态工作点、电压放大倍数和输入电阻的测量方法与实验二中晶体管放大器的测量相同。输入电阻的测量电路如图 3-3 所示。在放大器的输入端串入电阻 R，把开关 S 掷向位置 1（即使 $R=0$），测量放大器的输出电压 $U_{o1} = A_{VUS}$；保持 U_S 不变，再把 S 掷向 2（即接入 R），测量放大器的输出电压 U_{o2}。由于两次测量中 A_V 和 U_S 保持不变，故

$$U_{o2} = A_V U_i = \frac{R_i}{R + R_i} U_S A_V$$

由此可以求出

$$R_i = \frac{U_{o2}}{U_{o1} - U_{o2}} R$$

式中 R 和 R_i 不要相差太大，本实验可取 $R = 100 \sim 200$ kΩ。

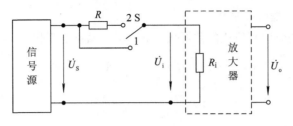

图 3-3 输入电阻测量电路

三、实验设备与器件

(1) +12 V 直流电源；

(2) 函数信号发生器；

(3) 双踪示波器；

(4) 交流毫伏表；

(5) 直流电压表；

(6) 结型场效应管 3DJ6F×1

(7) 虚拟仪器(选用)。

四、预习要求

(1) 复习有关场效应管部分内容，并分别用图解法与计算法估算管子的静态工作点(根据实验电路参数)，求出工作点处的跨导 g_m。

(2) 场效应管放大器输入回路的电容 C_1 为什么可以取得小一些(可以取 $C_1 = 0.1 \ \mu F$)？

(3) 根据附录查阅或用图示仪测量实验中所用场效应管的特性曲线和参数，记录下来备用。

五、实验内容

1. 静态工作点的测量和调整

按图 3-2 连接电路，接通 +12 V 电源，适当调整 R_{g2} 和 R_s，使静态工作点处于特性曲线放大区的中间部分。用直流电压表测量 U_G、U_S 和 U_D，把结果记入表 3-2。

表 3-2

测　　量　　值						计　　算　　值		
U_G/V	U_S/V	U_D/V	U_{DS}/V	U_{GS}/V	I_D/mA	U_{DS}/V	U_{GS}/V	I_D/mA

2. 电压放大倍数 A_V、输入电阻 R_i 和输出电阻 R_o 的测量

1) A_V 和 R_o 的测量

在放大器的输入端加入 $f=1 \ kHz$ 的正弦信号 $U_i(U_i \approx 50 \sim 100 \ mV)$，并用示波器监视输出电压 U_o 的波形。在输出电压 U_o 没有失真的条件下，用交流毫伏表分别测量 $R_L = \infty$ 和 $R_L = 10 \ k\Omega$ 的输出电压 U_o(注意：保持 U_i 不变)，记入表 3-3。

表 3 - 3

测　量　值				计　算　值		U_i 和 U_o 波形
U_i/V	U_o/V	A_V	$R_o/k\Omega$	A_V	$R_o/k\Omega$	
$R_L = \infty$						
$R_L = 10\ k\Omega$						

用示波器同时观察 U_i 和 U_o 的波形,描绘出来并分析它们的相位关系。

2) R_i 的测量

按图 3 - 3 改接实验电路,选择合适大小的输入电压 $U_s(U_s \approx 50 \sim 100\ mV)$。将开关 S 掷向"1",测出 $R=0$ 时的输出电压 U_{o1},然后将开关掷向"2"(接入 R),保持 U_s 不变,再测出 U_{o2},根据公式

$$R_i = \frac{U_{o2}}{U_{o1} - U_{o2}} R$$

求出 R_i,记入表 3 - 4。

表 3 - 4

测　量　值			计　算　值
U_{o1}	U_{o2}	$R_i/k\Omega$	$R_i/k\Omega$

说明:本实验内容中均可用虚拟仪器代替常规测量仪器进行测量,并可将波形存储和打印。

六、实验报告要求

(1) 整理实验数据,将测得的 A_V、R_i、R_o 和理论计算值进行比较。

(2) 把场效应管放大器与晶体管放大器进行比较,总结场效应管放大器的特点。

(3) 分析测试中的问题,总结实验收获。

七、思考题

(1) 场效应管放大器的特点是什么?

(2) 测量场效应管静态工作电压 U_{GS} 时,能否用直流电压表直接并在 G、S 两端测量? 为什么?

实验四　两级电压串联负反馈放大器

一、实验目的

(1) 学会识别放大器中负反馈电路的类型。

(2) 了解不同反馈形式对放大器的输入和输出阻抗的不同影响。

(3) 加深理解负反馈对放大器性能的影响。

二、实验原理

负反馈在电子电路中有着非常广泛的应用。虽然它使放大器的放大倍数降低，但能在多方面改善放大器的动态指标，如稳定放大倍数，改变输入、输出电阻，减小非线性失真和展宽通频带等。因此，几乎所有的实用放大器都带有负反馈。

负反馈放大器有四种组态，即电压串联、电压并联、电流串联和电流并联。本实验以电压串联负反馈为例，分析负反馈对放大器各项性能指标的影响。

(1) 带有负反馈的两级阻容耦合放大电路，如图 4-1 所示（断开 R_{f2}、C_{f2} 支路），在电路中通过 R_f 把输出的电压 U_o 引回到输入端，加在晶体管 V_1 的发射极上，在发射极电阻 R_{f1} 上形成反馈电压 U_f。根据反馈的判断法可知，它属于电压串联负反馈。

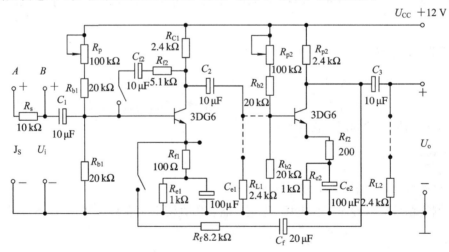

图 4-1　带有负反馈的二级阻容耦合放大电路

主要性能指标如下：

① 闭环电压放大倍数 A_{Vf}

$$A_{Vf} = \frac{A_V}{1 + A_V F_V}$$

其中：$A_V = U_o/U_i$——基本放大器（无反馈）的电压放大倍数，即开环电压放大倍数；

$1+A_{V}F_{V}$——反馈深度，它的大小决定了负反馈对放大器性能改善的程度。

② 反馈系数

$$F_{V}=\frac{R_{f1}}{R_{f}+R_{f1}}$$

③ 输入电阻 $\qquad R_{if}=(1+A_{V}F_{V})R'_{i}$

R'_{i}——基本放大器的输入电阻(不包括偏置电阻)。

④ 输出电阻 $\qquad R_{of}=\dfrac{R_{o}}{1+A_{o}F_{V}}$

R_{o}——基本放大器的输出电阻；

$A_{V_{o}}$——基本放大器 $R_{L}=\infty$ 时的电压放大倍数。

(2) 本实验还需要测量基本放大器的动态参数，怎样实现无反馈而得到基本放大器呢？不能简单地断开反馈支路，而是要去掉反馈作用，但又要把反馈网络的影响(负载效应)考虑到基本放大器中去。

① 在画基本放大器的输入回路时，因为是电压负反馈，所以可将负反馈放大器的输出端交流短路，即令 $U_{o}=0$，此时 R_{f} 相当于并联在 R_{f1} 上；

② 在画基本放大器的输出回路时，由于输入端是串联负反馈，因此需将反馈放大器的输入端(V_{1} 管的射极)开路，此时 $R_{f}+R_{f1}$ 相当于并接在输出端，可近似认为 R_{f} 并接在输出端。

根据上述规律，可得到所要求的如图 4-2 所示的基本放大器。

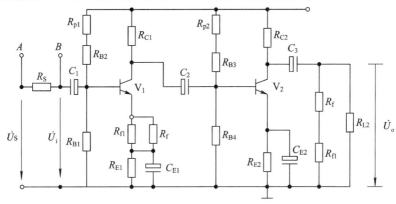

图 4-2　基本放大器

三、实验设备与器件

(1) +12 V 直流电源；

(2) 函数信号发生器；

(3) 双踪示波器；

(4) 频率计；

(5) 交流毫伏表；

(6) 直流电压表；

(7) 虚拟仪器(选用)；

(8) 3DG6×2(β=50～100)或9011×2。

四、预习要求

(1) 复习教材中有关负反馈放大器的内容。

(2) 按实验电路 4-1 估算放大器的静态工作点($\beta_1=\beta_2=100$)。

(3) 了解怎样把负反馈放大器改接成基本放大器？为什么要把 R_f 并接在输入和输出端？

(4) 估算基本放大器的 A_V，R_i 和 R_o；估算负反馈放大器的 A_{Vf}、R_{if} 和 R_{of}，并验算它们之间的关系。

(5) 了解如按深度负反馈估算，则闭环电压放大倍数 A_{Vf} 的值为多少？它与测量值是否一致？为什么？

五、实验内容

1. 测量静态工作点

按图 4-1 连接实验电路，将 R_{L1} 开路，使电路为两级放大器，同时断开 $R_{f2}C_{f2}$ 和 $R_f C_f$ 反馈支路。取 $U_{CC}=+12$ V，$U_i=0$，调整 R_{p1}、R_{p2}，用直流电压表分别测量第一级、第二级的静态工作点，记入表 4-1。

表 4-1　　　　　　　　　　　　　　　　　　　　　　　　　($I_{C1}=2.0$ mA, $I_{C2}=2.0$ mA)

	U_B/V	U_E/V	U_C/V	I_C/mA
第一级				
第二级				

2. 测量中频电压放大倍数 A_V，输入电阻 R_i 和输出电阻 R_o

1）测量中频电压放大倍数 A_V

在放大器输入端(B点)加入频率为 1 kHz，$U_i=5$ mV 的正弦信号，用示波器观察放大器输出电压 U_L 的波形。在 U_L 不失真的情况下，用交流毫伏表测量 U_L，利用 $A_V=\dfrac{U_L}{U_i}$ 算出基本放大器的电压放大倍数。

2）测量输出电阻 R_o

保持 $U_i=5$ mV 不变，断开负载电阻 R_{L2}(注意输出端的 R_f、R_{f1} 支路不要断开)，测量空载时的输出电压 U_o。利用公式 $R_o=(\dfrac{U_o}{U_L}-1)R_{Ld}$，求出输出电阻 R_o。

3）测量输入电阻 R_i

在电路的 A 点输入频率为 1 kHz 的正弦信号，调节"幅度"调节旋钮，使得 $U_i=5$ mV，再测出 A 点的输入电压 U_s，利用公式 $R_i=\dfrac{U_i}{U_s-U_i}R_s$ 计算出输入电阻 R_i。

4）测量通频带

接上 R_{L2}，在放大器输入端 B 点输入 $U_i=5$ mV，1 kHz 的正弦信号，测出输出电压 U_L(U_L 波形不失真)然后增加和减小输入信号的频率(保持 $U_i=5$ mV)，找出上、下限频率 f_H 和 f_L，利用 $f_{BW}=f_H-f_L$ 得到通频带宽。

3. 测量负反馈放大器的各项性能指标

将实验电路恢复为图 4-1 的负反馈放大电路，断开 C_{f2}、R_{f2} 支路。重复 2 中的各项测试内容和方法，得到负反馈放大器的 A_{Vf}、R_{of}、R_{if} 和通频带度 f_{BW}。

4. 观察负反馈对非线性失真的改善

（1）实验电路改接成基本放大器形式，在输入端加入 $f=1\ kHz$ 的正弦信号，输出端接示波器。逐渐增大输入信号的幅度，使输出波形出现失真，记下此时的波形和输出电压的幅度。

（2）再将实验电路改接成负反馈放大器形式，增大输入信号幅度，使输出电压幅度的大小与 1）相同，比较有负反馈时，输出波形的变化。

说明：本实验内容较多，其中 4 可作为选作内容。本实验内容中均可用虚拟仪器代替常规测量仪器进行测量，并可将波形存储和打印。

六、实验报告要求

（1）将基本放大器和负反馈放大器动态参数的实测值和理论估算值列表进行比较。

（2）根据实验结果，总结电压串联负反馈对放大器性能的影响。

七、思考题

（1）电压串联负反馈有什么特点？

（2）如输入信号存在失真，能否用负反馈来改善？

实验五 电流串联负反馈

一、实验目的

(1) 学会识别放大器中负反馈电路的类型。

(2) 了解不同反馈形式对放大器输入、输出电阻的不同影响。

(3) 加深理解负反馈对放大器性能的影响。

二、实验原理

图 5-1 为电流串联负反馈电路。

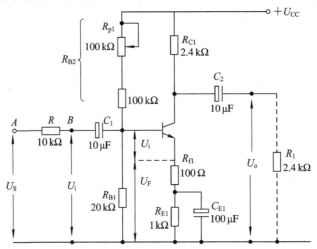

图 5-1 电流串联负反馈放大器

从图 5-1 中可以看出:

$$F = \frac{U_f}{U_o} = \frac{R_E}{R'_L}$$

$$R'_L = R_C /\!/ R_L$$

$$A_{Vo} = \frac{U_o}{U'_i} \qquad A_{Vf} = \frac{U_o}{U_i} = \frac{U_o}{u'_i + U_f} = \frac{A_{Vo}}{1 + F_{AVo}}$$

通过等效电路计算可得:

$$A_{VF} = \frac{H_{fE} R'_L}{H_{iE} + (1 + H_{fE}) R_E}$$

深度负反馈的情况下:

$$A_{Vf} = \frac{R'_L}{R_E}$$

三、实验设备、部件与器件

(1) +12 V 直流电源；

(2) 函数信号发生器；

(3) 双踪示波器(另配)；

(4) 频率计，

(5) 交流毫伏表；

(6) 直流电压表；

(7) 晶体三极管 3DG6 或 9011；

(8) 虚拟仪器(选用)。

四、预习要求

(1) 复习教材中有关负反馈放大器的内容。

(2) 估算基本放大器的 A_V、R_i 和 R_o；估算负反馈放大器的 A_{Vf}、R_{if}、R_{of}，并验算它们之间的关系。

五、实验内容

1. 测量和调整静态工作点

将实验台面板上的单管/负反馈两级放大器接成图 5-1 所示的电流串联负反馈电路，并把 R_{f1} 短路，即电路处于无反馈状态，调节 R_{P1} 使得 $I_C = \dfrac{E_C - U_C}{R_C} \approx I_E = \dfrac{U_E}{R_E} = 2\ \text{mA}$，用万用电表测量晶体管的集电极、基极和发射极对地的电压 U_C、U_B 和 U_E。

2. 测量无反馈(基本放大器)的各项性能指标

1) 测量电压放大倍数 A_V

在放大器输入端(B 点)加入 $U_i = 5\ \text{mV}$，1 kHz 的正弦信号，用示波器观察放大器输出电压 U_L 的波形。在 U_L 不失真的情况下，用交流毫伏表测量 U_L，利用 A_U 的值求出基本放大器的电压放大倍数。

2) 测量输出电阻 R_o

保持 $U_i = 5\ \text{mV}$ 不变，断开负载电阻 R_{L1}，测量空载时的输出电压 U_o。利用公式 $R_o = \left(\dfrac{U_o}{U_L} - 1\right) R_{L1}$，求出输出电阻 R_o。

3) 测量输入电阻 R_i

在电路的 A 点输入频率为 1 kHz 的正弦信号，调节"幅度"调节旋钮，使得 $U_i = 5\ \text{mV}$，再测出 A 点的输入电压 U_S。利用公式 $R_i = \dfrac{U_i}{U_S - U_i} R$ 计算出输入电阻 R_i。

4) 测量通频带

接上负载 R_{L1}，在放大器输入端 B 点输入 $U_i = 5\ \text{mV}$，1 kHz 的正弦信号。测出输出电压 U_L(U_L 波形不失真)，然后改变输入信号的频率(保持 $U_i = 5\ \text{mV}$)，找出上、下限频率 f_H 和 f_L，并计算出通频带宽。

3. 测量负反馈放大器的各项性能指标

将实验电路恢复为图 5-1，调整静态工作点使得 $I_E = 2$ mA。

重复 2 中的测试内容和方法，得到负反馈放大器的 A_{Vf}、R_{of}、R_{if} 和通频带宽 f_{BW}。

说明：本实验内容中均可用虚拟仪器代替常规测量仪器进行测量，并可将波形存储和打印。

六、实验报告要求

（1）将基本放大器和负反馈放大器动态参数的实测值和理论估算值列表进行比较。

（2）根据实验结果，总结电流串联负反馈对放大器性能的影响。

七、思考题

（1）电流串联负反馈有什么特点？

（2）为何从实验结果看不出电流反馈对输出电阻的显著提高？

实验六 电压并联负反馈

一、实验目的

(1) 进一步学会识别放大器中负反馈电路的类型。

(2) 了解不同反馈形式对放大器输入、输出电阻的不同影响。

(3) 加深理解负反馈对放大器性能的影响。

二、实验原理

图 6-1 为电压并联负反馈放大器电路。电路中将反馈电阻接在集电极与基极之间，利用输出电压 U_o 在 R_f 中形成的电流 I_f 反馈到输入端，与输入信号电流 I_s 并联，成为分流支路，使晶体管基极注入电流 I_B 减小。

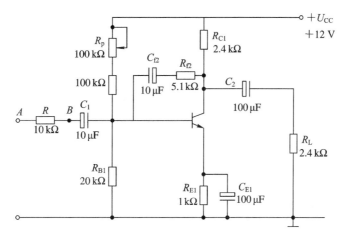

图 6-1 电压并联负反馈放大器

三、实验设备、部件与器件

(1) +12 V 直流电源；

(2) 函数信号发生器；

(3) 双踪示波器(另配)；

(4) 频率计；

(5) 交流毫伏表；

(6) 直流电压表；

(7) 晶体三极管 3DG6 或 9011；

(8) 虚拟仪器(选用)。

四、预习要求

（1）复习教材中有关电压并联负反馈放大器的内容。

（2）估算基本放大器的 A_V、R_i 和 R_o；估算负反馈放大器的 A_{Vf}、R_{if}、R_{of}，并验算它们之间的关系。

五、实验内容

1. 测量和调整静态工作点

将实验台面板上的单管/负反馈两级放大器接成图 6-2 所示电路。此时电路处于无反馈状态。

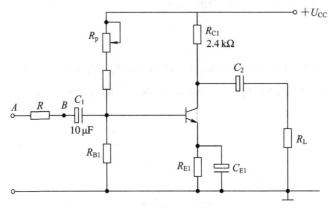

图 6-2　单级无反馈放大器

调节 R_{P1}，使得 $I_E = \dfrac{U_E}{R_E} = 2\ \text{mA}$，用直流电压表测出晶体管集电极对地电压 U_C，基极对地电压 U_B 和发射极对地电压 U_E。

2. 测量基本放大器的各项性能指标

1）测量电压放大倍数 A_V

在放大器输入端（B 点）加入 $U_i = 5\ \text{mV}$，$1\ \text{kHz}$ 的正弦信号，用示波器观察放大器输出电压 U_L 的波形。在不失真的情况下，用交流毫伏表测量 U_L。利用 $A_V = \dfrac{U_L}{U_i}$ 求出基本放大器的电压放大倍数。

2）测量输出电阻 R_o

保持 $U_i = 5\ \text{mV}$ 不变，断开负载电阻 R_{L1}，测量空载时的输出电压 U_o，利用公式 $R_o = \left(\dfrac{U_o}{U_L} - 1\right) R_{L1}$，求出输出电阻 R_o。

3）测量输入电阻 R_i

在电路的 A 点输入频率为 $1\ \text{kHz}$ 的正弦信号，调节"幅度"调节旋钮，使得 $U_i = 5\ \text{mV}$，再测出 A 点的输入电压 U_S。利用公式

$$R_i = \dfrac{U_I}{U_S - U_I} R \text{ 计算出输入电阻 } R_i。$$

4）测量负反馈放大器的各项性能指标

将实验电路恢复为图 6-1。重复 2 中的测试内容，得到负反馈放大器的 A_{Vf}、R_{of}、R_{if}.

说明：本实验内容中均可用虚拟仪器代替常规测量仪器进行测量，并可将波形存储和打印。

六、实验报告要求

（1）将基本放大器和负反馈放大器动态参数的实测值和理论估算值列表进行比较。

（2）根据实验结果，总结电压并联负反馈对放大器性能的影响。

七、思考题

电压并联负反馈有什么特点？

实验七　射极输出器

一、实验目的

(1) 通过与共射放大器比较，掌握射极输出器的主要特点。

(2) 进一步掌握放大器各项参数的测试方法。

(3) 了解"自举"电路在提高射极输出器的输入电阻中的作用。

二、实验原理

射极跟随器指的是：三极管按共集方式连接，信号从基极输入，从发射极输出的放大器。其特点为输入阻抗高，输出阻抗低，因而从信号源索取的电流小而且带负载能力强，所以常用于多级放大电路的输入级和输出级；也可用它连接两级放大电路，减少电路间直接相连所带来的影响，起缓冲作用。

射极输出器的实验原理图如图 7-1 所示。

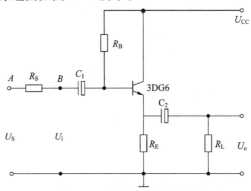

图 7-1　典型的射极输出器

引入"自举"电路可使阻值较小的基极直流偏置电阻 R_{b1} 和 R_{b2} 对信号源呈现相当大的交流输入电阻。带有"自举"电路的射极输出器如图 7-2 所示。

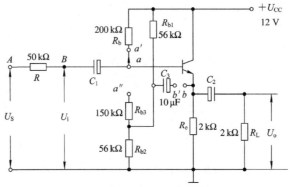

图 7-2　带有"自举"的射极输出器

其等效电路如图 7-3 所示。

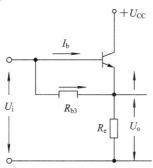

图 7-3 带有"自举"的射极输出器等效电路

由图可见 U_i 升高，U_o 也升高，通过 R_{b3} 使 U_b 相应抬高，即用输出电压的上升去"举高"自己的基极电压，所以称为"自举"电路。由于 U_o 与 U_i 同相，则 R_{b3} 两端的电压就很小，因而流过 R_{b3} 的电流 I_R 也很小，即 R_{b3} 的分流作用大大减弱，相当于从 U_i 两端看进去 R_{b3} 的等效输入电阻被大大提高。

三、实验设备与器件

(1) +12 V 直流电源；

(2) 函数信号发生器；

(3) 双踪示波器；

(4) 交流毫伏表；

(5) 直流电压表；

(6) 频率计；

(7) 3DG6×1 或 9011×1；

(8) 虚拟仪器(选用)。

四、预习要求

(1) 复习射极输出器的工作原理及其特点。

(2) 根据图 7-2 的元件参数值估算静态工作点，并画出交、直流负载线。

五、实验内容

(1) 按图 7-2 连接电路。

注意：a 与 a' 连接，b 与 b' 断开，使其处于无自举状态。

(2) 静态工作点的调整。

接通 +12 V 电源，在 B 点加入 $f=1$ kHz 正弦信号 U_i(U_i 大于 100 mV)，用示波器监视输出端波形，反复调整 R_P 及信号源的输出幅度，在示波器的屏幕上得到一个最大的不失真输出波形。然后置 $U_i=0$，用直流电压表测量晶体管各电极对地电位，将测得数据记入表 7-1。

在下面整个测试过程中应保持 R_P 值不变(即 I_E 不变)。

表 7-1

U_E/V	U_B/V	U_c/V	$I_E=\dfrac{U_E}{R_E}/mA$

（3）测量电压放大倍数 A_V。

接入负载 $R_L=2\ k\Omega$，在 B 点加 $f=1\ kHz$ 正弦信号 U_i，调节输入信号幅度，用示波器观察输出波形 U_o，在输出最大不失真情况下，用交流毫伏表测 U_i、U_L 值，记入表 7-2。

表 7-2

U_i/V	U_L/V	$A_V=\dfrac{U_L}{U_i}$

（4）测量输出电阻 R_o。

断开负载 R_L，在 B 点加 $f=1\ kHz$ 正弦信号 U_i（幅度通常取 100 mV，下同），用示波器监视输出波形，测空载输出电压 U_o。接上负载 $R_L=1\ k\Omega$，测出有负载时输出电压 U_L，记入表 7-3。

表 7-3

U_o/V	U_L/V	$R_o=(\dfrac{U_o}{U_L}-1)R_L/k\Omega$

（5）测量输入电阻 R_i。

在 A 点加 $f=1\ kHz$ 的正弦信号 U_s，使得 U_i 在 100 mV 以上，用示波器监视输出波形，用交流毫伏表分别测出 A、B 点对地的电位 U_s、U_i，记入表 7-4。

表 7-4

U_s/V	U_i/V	$R_i=\dfrac{U_i}{U_s-U_i}R/k\Omega$

（6）将 a 与 a'' 相连，b 与 b' 相连，即引入"自举"，重新测量输入电阻 R_i'。

（7）测试频率响应特性。

接入负载 $R_L=1\ k\Omega$，在 B 点加入频率为 1 kHz、峰峰值为 1 V 的正弦信号 U_i，保持输入信号 U_i 幅度不变，改变信号源频率，用示波器监视输出波形，用毫伏表测量不同频率下的输出电压 U_L 值，记入表 7-5。

表 7-5

f/kHz	
U_L/V	

说明：本实验内容较多，其中(6)和(7)可作为选作内容。本实验内容中均可用虚拟仪器代替常规测量仪器进行测量，并可将波形存储和打印。

六、实验报告要求

（1）分析射极跟随器的性能和特点。

（2）整理数据并列表进行比较。

七、思考题

射极跟随器有什么特点？

实验八 差动放大器

一、实验目的

（1）加深对差动放大器性能及特点的理解。

（2）学会差动放大器的电压放大倍数、共模抑制比的测量方法。

二、实验原理

图 8-1 是差动放大器的基本结构，它由两个元件参数相同的基本共射放大电路组成。当开关 S 拨向左边时，构成典型的差动放大器。其中 R_p 为调零电位器，R_E 为两管共用的发射极电阻，它对共模信号有较强的负反馈作用。

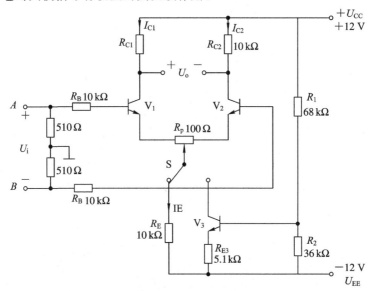

图 8-1 差动放大器实验电路

当开关 S 拨向右边时，构成具有恒流源的差动放大器。它用晶体管恒流源代替发射极电阻 R_E，可以进一步提高差动放大器抑制共模信号的能力。

1. 静态工作点的估算

开关 S 拨向左边时，构成典型的差动放大电路，此时

$$I_E \approx \frac{|U_{EE}| - U_{BE}}{R_E}（认为 U_{B1} = U_{B2} \approx 0）$$

$$I_{C1} = I_{C2} = \frac{1}{2} I_E$$

当开关 S 拨向右边时，构成具有恒流源电路的差动放大器，此时

$$I_{C3} \approx I_{E3} \approx \frac{\dfrac{R_2}{R_1+R_2}(U_{CC}+|U_{EE}|)-U_{BE}}{R_{E3}}$$

$$I_{C1} = I_{C1} = \frac{1}{2}I_{C3}$$

2. 差模电压放大倍数和共模电压放大倍数

当差动放大器的射极电阻 R_E 足够大，或采用恒流源电路时，差模电压放大倍数 A_d 由输出端方式决定，而与输入方式无关。

差模输入双端输出 $R_L = \infty$，R_p 在中心位置，此时

$$A_d = \frac{\Delta U_o}{\Delta U_i} = \frac{\beta R_C}{R_B + r_{be} + \dfrac{1}{2}(1+\beta)R_p}$$

差模输入单端输出

$$A_{d1} = \frac{\Delta U_{C1}}{\Delta U_i} = \frac{1}{2}A_d$$

$$A_{d2} = \frac{\Delta U_{C2}}{\Delta U_i} = -\frac{1}{2}A_d$$

当输入共模信号时，若为单端输出，则有

$$A_{C1} = A_{C2} = \frac{\Delta U_{C1}}{\Delta U_i} = \frac{-\beta R_C}{R_B + r_{be} + (1+\beta)(\dfrac{1}{2}R_p + 2R_E)} \approx -\frac{R_C}{2R_E}$$

若为双端输出，在理想情况下，有

$$A_C = \frac{\Delta U_o}{\Delta U_i} = 0$$

实际上由于元件不可能完全对称，因此 A_C 也不会绝对等于零。

3. 共模抑制比 CMRR

为了表征差动放大器对有用信号(差模信号)的放大作用和对共模信号的抑制能力，通常用一个综合指标来衡量，即共模抑制比：

$$\mathrm{CMRR} = |\frac{A_d}{A_c}| \quad \text{或} \quad \mathrm{CMRR} = 20\lg|\frac{A_d}{A_c}|(\mathrm{dB})$$

差动放大器的输入信号可采用直流信号，也可用交流信号。本实验由函数信号发生器提供频率 $f=1\ \mathrm{kHz}$ 的正弦信号作为输入信号，由于该信号发生器为不平衡输出方式，所以在双端差模输入时，信号发生器与放大器输入端 $A-B$ 之间需加接平衡输入变压器。

三、实验设备与器件

(1) $\pm 12\ \mathrm{V}$ 直流电源；

(2) 函数信号发生器；

(3) 双踪示波器；

(4) 交流毫伏表；

(5) 直流电压表；

(6) 虚拟仪器(选用)；

（7）3DG6×3(或 9011×3)，要求 V_1、V_2 管特性参数一致。

四、预习要求

（1）根据实验电路参数，估算典型差动放大器和具有恒流源的差动放大器的静态工作点及差模电压放大倍数(取 $\beta_1 = \beta_2 = 100$)。

（2）了解测量静态工作点时，放大器输入端 A、B 与地应如何连接。

（3）了解实验中怎样获得双端和单端输入差模信号与共模信号，画出 A、B 端与信号源之间的连接图。

（4）了解怎样进行静态调零点，用什么仪表测 U_o。

（5）了解怎样用交流毫伏表测双端输出电压 U_o。

五、实验内容

1. 典型差动放大器性能测试

实验电路如图 8 - 1，开关 S 拨向左边构成典型差动放大器。

1）测量静态工作点

将放大器输入端 A、B 与地短接，接通 ±12 V 直流电源，用直流电压表测量输出电压 U_o，调节调零电位器 R_p，使 $U_o = 0$。

零点调好以后，用直流电压表测量 V_1、V_2 管各电极电位及射极电阻 R_E 两端电压 U_{RE}，记入表 8 - 1。

表 8 - 1

测量值	U_{C1}/V	U_{B1}/V	U_{E1}/V	U_{C2}/V	U_{R2}/V	U_{F2}/V	U_{RE}/V
计算值	I_C/mA		I_B/mA		U_{CE}/V		

2）测量差模电压放大倍数

断开短路线，将函数信号发生器的输出端通过平衡输入变压器接放大器的输入端 A、B（在本实验电路中，将函数信号发生器的输出端接放大器输入端 A，信号源输出地接放大器输入端 B），构成双端输入方式，调节信号频率 $f = 1$ kHz 的正弦信号，先使输出信号大小为 0，用示波器监视输出端电压（集电极 C_1 或 C_2 与地之间的电压）。

逐渐增大输入电压 U_i(约 100 mV)，在输出波形无失真的情况下，用交流毫伏表测 U_i、U_{C1}、U_{C2}，并用双踪示波器观察 U_i、U_{C1}、U_{C2} 之间的相位关系及 U_{RE} 随 U_i 的改变而变化的情况。

利用 $A_{d1} = \dfrac{U_{C1}}{U_i}$、$A_{d2} = \dfrac{U_{C2}}{U_i}$ 及 $A_d = \dfrac{|U_{C1}| + |U_{C2}|}{U_i}$ 分别计算双端输入、单端输出时的差模电压增益 A_{d1} 和 A_{d2} 及双端输入、双端输出的差模电压增益 A_d。

3）测量共模电压放大倍数

将放大器 A、B 短接(去掉平衡输入变压器)，信号源的输出端与放大器 A、B 相接，信号源的地与电路的地相接，构成共模输入方式，调节函数信号发生器，使输入信号 $U_i =$

$1\ V$，$f=1\ kHz$。在输出电压无失真的情况下，测量 U_{C1}、U_{C2}。用双踪示波器观察 U_i、U_{C1}、U_{C2} 之间的相位关系及 U_{RE} 随 U_i 的变化而变化的情况。

利用 $A_{d1}=\dfrac{U_{C1}}{U_i}$、$A_{d2}=\dfrac{U_{C2}}{U_i}$ 及 $A_c=\dfrac{|U_{C1}|-|U_{C2}|}{U_i}$ 分别计算双端输入、单端输出时的共模电压增益 A_{C1} 和 A_{C2} 及双端输入、双端输出时的共模电压增益 A_c。

2. 具有恒流源的差动放大电路性能测试

将图 8-1 电路中的开关 S 拨向右边，构成具有恒流源的差动放大电路。重复 1 中的各项内容。

说明：本实验内容中均可用虚拟仪器代替常规测量仪器进行测量，并可将波形存储和打印。

六、实验报告要求

(1) 整理实验数据，列表比较实验结果和理论计算值，分析误差原因。

① 静态工作点和差模电压放大倍数。

② 典型差动放大电路单端输出时的 CMRR 实验值与理论值比较。

③ 典型差动放大电路单端输出 CMRR 的实测值与具有恒流源的差动放大器 CMRR 实测值比较。

(2) 比较 U_i、U_{C1} 和 U_{C2} 之间的相位关系。

(3) 根据实验结果，总结电阻 R_E 和恒流源的作用。

七、思考题

(1) 什么是差动放大器？使用差动放大器有什么好处？

(2) 衡量差动放大器性能的电路指标是什么？它的意义是什么？

(3) 实验中观察到的 U_i、U_{C1} 和 U_{C2} 之间的相位关系如何？

(4) 为什么要进行调零？如何调零？

(5) 实验中，共模信号和差模各是如何获取的？

(6) 如何测量双端输出电压 U_o 比较合适？

实验九 集成运算放大器指标测试

一、实验目的

（1）掌握运算放大器主要指标的测试方法。

（2）通过运算放大器 μA741 指标的测试，了解集成运算放大器组件的主要参数的定义和表示方法。

二、实验原理

集成运算放大器是一种线性集成电路，和其他半导体器件一样，也有一些性能指标可用来衡量其质量的优劣。为了正确使用集成运放，就必须了解它的主要参数指标。集成运放组件的各项指标通常是用专用仪器进行测试的，这里介绍的是一种简易测试方法。

本实验采用的集成运放型号为 μA741（或 F007），引脚排列如图 9-1 所示。它是八脚双列直插式组件，②脚和③脚为反相和同相输入端，⑥脚为输出端，⑦脚和④脚为正，负电源，①脚和⑤脚为失调调零端，①脚和⑤脚之间可接入一只几十千欧的电位器并将滑动触头接到负电源端，⑧脚为空脚。

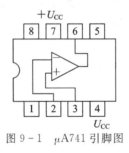

图 9-1 μA741 引脚图

1. 输入失调电压 U_{i0}

输入失调电压 U_{i0} 是指输入信号为零时，输出端出现的电压折算到同相输入端的数值。

失调电压测试电路如图 9-2 所示。闭合开关 S_1 及 S_2，使电阻 R_B 短接，测量此时的输出电压 U_{o1}，则输入失调电压

$$U_{i0} = \frac{R_1}{R_1 + R_f} U_{o1}$$

实际测出的 U_o 可能为正，也可能为负。高质量的运放 U_{i0} 一般在 1 mV 以下。

测试中应注意：

① 将运放调零端开路。

② 要求电阻 R_1 和 R_2，R_3 和 R_f 的参数严格对称。

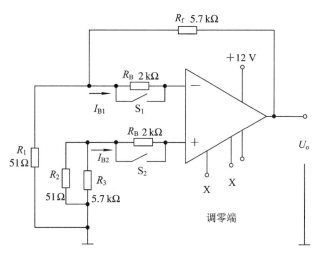

图 9－2　U_{i0}、I_{i0}测试电路

2. 输入失调电流 I_{i0}

输入失调电流 I_{i0}是指当输入信号为零时，运放的两个输入端的基极偏置电流之差

$$I_{i0} = |I_{B1} - I_{B2}|$$

输入失调电流的大小反映了运放内部差动输入级两个晶体管 β 的失配度，由于 I_{B1}、I_{B2} 本身的数值已很小（微安级），因此它们的差值通常不是直接测量的，测试电路如 9－2 所示，测试分两步进行：

（1）闭合开关 S_1 及 S_2，在低输入电阻下，测出输出电压 U_{o1}，如前所述，这是由于输入失调电压 U_{i0} 所引起的输出电压。

（2）断开 S_1 及 S_2，两个输入电阻 R_B 接入，由于 R_B 值较大，流经它们的输入电流的差异将变成输入电压的差异，因此，也会影响输出电压的大小。测出两个电阻 R_B 接入时的输出电压 U_{o2}，若从中扣除输入失调电压 U_{i0} 的影响，则输入失调电流 I_{i0} 为

$$I_{i0} = |I_{B1} - I_{B2}| = |U_{o2} - U_{o1}| \frac{R_1}{R_1 + R_f} \cdot \frac{1}{R_B}$$

一般，I_{i0} 在 100 nA 以下。

测试中应注意：

① 将运放调零端开路。

② 两输入端电阻 R_B 必须精确配对。

3. 开环差模放大倍数 A_{ud}

集成运放在没有外部反馈时的直流差模放大倍数称为开环差模电压放大倍数，用 A_{ud} 表示。它定义为开环输出电压 U_o 与两个差分输入端之间所加信号电压 U_{id} 之比

$$A_{ud} = \frac{U_o}{U_{id}}$$

按定义 A_{ud} 应是信号频率为零时的直流放大倍数，但为了测试方便，通常采用低频（几十赫兹以下）正弦交流信号进行。由于集成运放的开环电压放大倍数很高，难以直接进行测量，故一般采用闭环测量方法。A_{ud} 的测试方法很多，现采用交、直流同时闭环的测试方法，如图 9－3 所示。

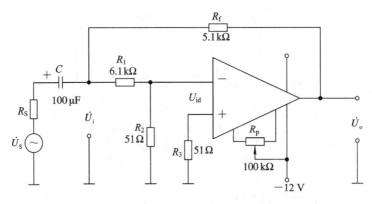

图 9 - 3　A_{ud} 测试电路

被测运放一方面通过 R_f、R_1、R_2 完成直流闭环，以抑制输出电压漂移，另一方面通过 R_f 和 R_s 实现交流闭环。外加信号 u_S 经 R_1、R_2 分压，使 U_{id} 足够小，以保证运放工作在线性区；同相输入端电阻 R_3 应与反相输入端电阻 R_2 相匹配，以减小输入偏置电流的影响；电容 C 为隔直电容。被测运放的开环电压放大倍数为

$$A_{ud}=\frac{U_o}{U_{id}}=\left(1+\frac{R_1}{R_2}\right)\frac{U_o}{U_i}$$

测试中应注意：

① 测试前电路应首先消振及调零。

② 被测运放要工作在线性区。

③ 输入信号频率应较低，一般用 50～100 Hz 输出信号无明显失真。

4. 共模抑制比 CMRR

集成运放的差模电压放大倍数 A_d 与共模电压放大倍数 A_c 之比称为共模抑制比

$$\mathrm{CMRR}=\left|\frac{A_d}{A_c}\right| \text{ 或 } \mathrm{CMRR}=20\lg\left|\frac{A_d}{A_c}\right| (\mathrm{dB})$$

共模抑制比在应用中是一个很重要的参数，理想运放对输入的共模信号其输出为零。但在实际的集成运放中，其输出不可能没有共模信号的成分。输出端共模信号愈小，说明电路对称性愈好，也就是说运放对共模干扰信号的抑制能力愈强，即 CMRR 愈大。CMRR 的测试电路如图 9-4 所示。

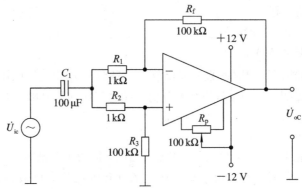

图 9 - 4　CMRR 测试电路

集成运放工作在闭环状态下的差模电压放大倍数为

$$A_d = -\frac{R_f}{R_1}$$

当接入共模输入信号 U_{iC} 时，测得 U_{oC} 时，则共模电压放大倍数为

$$A_C = \frac{U_{oC}}{U_{iC}}$$

得共模抑制比

$$\mathrm{CMRR} = \left|\frac{A_d}{A_c}\right| = \frac{R_f U_{iC}}{R_1 U_{oC}}$$

测试中应注意：

① 测试前电路应首先消振与调零。

② R_1 与 R_2、R_3 与 R_f 之间阻值应严格对称。

③ 输入信号 U_{iC} 幅度必须小于集成运放的最大共模输入电压范围 U_{icm}。

5. 共模输入电压范围 U_{icm}

集成运放所能承受的最大共模电压称为共模输入电压范围，超出这个范围，运放的 CMRR 会大大下降，输出波形产生失真，有些运放还会出现"自锁"现象以及永久性的损坏。

U_{icm} 的测试电路如图 9-5 所示。被测运放接成电压跟随器形式，输出端接示波器，观察最大不失真输出波形，从而确定 U_{icm} 值。

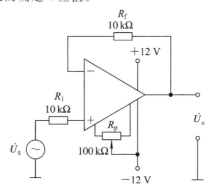

图 9-5　U_{icm} 测试电路

6. 输出电压最大动态范围 U_{opp}

集成运放的动态范围与电源电压、外接负载及信号源频率有关。测试电路如图 9-6 所示。

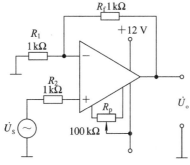

图 9-6　U_{opp} 测试电路

逐渐增大 U_o 幅度,观察 U_o 即将失真还没有失真的时刻,从而确定运放在某一电源电压下可能输出的电压峰峰值 U_{opp}。

集成运放在使用时应考虑的一些问题如下:

(1)输入信号选用交、直流量均可,但在选取信号的频率和幅度时,应考虑运放的频响特性和输出幅度的限制。

(2)调零。为提高运算精度,在运算前,应首先对直流输出电位进行调零,即保证输入为零时,输出也为零。当运放有外接调零端子时,可按组件要求接入调零电位器 R_p,调零时,将输入端接地,用直流电压表测量输出电压 U_o,细心调节 R_p,使 U_o 为零(即失调电压为零)。如运放没有调零端子,若要调零,反相放大器可按图 9-7(a)所示电路进行调零,同相放大器可按图 9-7(b)所示电路进行调零。

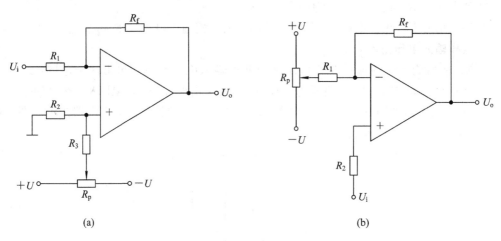

(a)   (b)

图 9-7　调零电路

一个运放如不能调零,大致有如下原因:

① 组件正常,接线有错误。

② 组件正常,但负反馈不够强(R_f/R_1 太大),可将 R_f 短路,观察是否能调零。

③ 组件正常,但由于它所允许的共模输入电压太低,可能出现自锁现象,因而不能调零。可将电源断开后,再重新接通,如能恢复正常,则属于这种情况。

④ 组件正常,但电路有自激现象,应进行消振。

⑤ 组件内部损坏,应更换好的集成块。

(3)消振。一个集成运放自激时,表现为即使输入信号为零,亦会有输出,使各种运算功能无法实现,严重时还会损坏器件。在实验中,可用示波器监视输出波形。为消除运放的自激,常采用如下措施:

① 若运放有相位补偿端子,可利用外接 R_c 补偿电路,产品手册中提供有补偿电路及元件参数。

② 电路布线、元器件布局应尽量减少分布电容。

③ 在正、负电源进线与地之间接上几十微法的电解电容和 $0.01\sim0.1~\mu F$ 的陶瓷电容相并联以减小电源引线的影响。

三、实验设备与器件

　　(1) ±12 V 直流电源；

　　(2) 函数信号发生器；

　　(3) 双踪示波器；

　　(4) 交流毫伏表；

　　(5) 直流电压表；

　　(6) 集成运算放大器 μA741×1；

　　(7) 虚拟仪器(选用)。

四、预习要求

　　(1) 查阅 μA741 典型指标数据及管脚功能。

　　(2) 了解测量输入失调参数时，为什么运放反相及同相输入端的电阻要精选，以保证严格对称。

　　(3) 了解测量输入失调参数时，为什么要将运放调零端开路，而在进行其他测试时，则要求输出电压进行调零。

　　(4) 了解测试信号频率选取的原则是什么。

五、实验内容

　　1. 测量输入失调电压 U_{i0}

　　按图 9－2 连接实验电路，闭合开关 S_1、S_2，用直流电压表测量输出电压 U_{o1}，并计算 U_{i0}，记入表 9－1。

　　2. 测量输入失调电流 I_{i0}

　　实验电路如图 9－2，打开开关 S_1、S_2，用直流电压表测量 U_{o2}，并计算 I_{i0}，记入表 9－1。

表 9－1

U_{i0}/mV		I_{i0}/nA		A_{ud}/dB		CMRR/dB	
实测值	典型值	实测值	典型值	实侧值	典型值	实侧值	典型值

　　3. 测量开环差模电压放大倍数 A_{ud}

　　按图 9－3 连接实验电路，运放输入端加频率 100 Hz，大小约 30～50 mV 正弦信号，用示波器监视输出波形。用交流毫伏表测量 U_o 和 U_i，并计算 A_{ud}，记入表 9－1。

　　4. 测量共模抑制比 CMRR

　　按图 9－4 连接实验电路，运放输入端加 $f＝100$ Hz，$U_{ic}＝1～2$ V 的正弦信号，监视输出波形。测量 U_{oc} 和 U_i，计算 A_c 及 CMRR，记入表 9－1。

　　5. 测量共模输入电压范围 U_{icm} 及输出电压最大动态范围 U_{opp}

　　说明：本实验内容较多，其中 5 可作为选作内容。本实验内容中均可用虚拟仪器代替常规测量仪器进行测量，并可将波形存储和打印。

六、实验报告要求

（1）将所测得的数据与典型值进行比较。

（2）对实验结果及实验中碰到的问题进行分析、讨论。

七、思考题

（1）测量失调电压时，观察电压表读数 U_{oS} 是否始终是一个定值？为什么？

（2）实验结果与规范参数有差异的主要原因是什么？

实验十　集成运算放大器的基本应用(Ⅰ) ——模拟运算电路

一、实验目的

（1）研究由集成运算放大器组成的比例、加法、减法和积分等基本运算电路的功能。

（2）了解运算放大器在实际应用时应考虑的一些问题。

二、实验原理

集成运算放大器是一种具有高电压放大倍数的直接耦合多级放大电路。当外部接入不同的线性或非线性元器件组成负反馈电路时，可以灵活地实现各种特定的函数关系。在线性应用方面，可组成比例、加法、减法、积分、微分、对数等模拟运算电路。

集成运算放大器的基本运算电路有以下几种。

（1）反相比例运算电路。电路如图 10-1 所示，对于理想运放，该电路的输出电压与输入电压之间的关系为

$$U_{\mathrm{o}} = -\frac{R_{\mathrm{f}}}{R_1}U$$

为了减小输入偏置电流引起的运算误差，在同相输入端应接入平衡电阻 $R_2 = R_1 \,/\!/\, R_{\mathrm{f}}$。

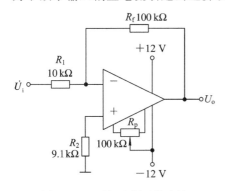

图 10-1　反相比例运算电路

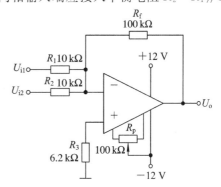

图 10-2　反相加法运算电路

（2）反相加法电路。电路如图 10-2 所示，输出电压与输入电压之间的关系为

$$U_{\mathrm{o}} = -\left(\frac{R_{\mathrm{f}}}{R_1}U_{\mathrm{i1}} + \frac{R_{\mathrm{f}}}{R_2}U_{\mathrm{i2}}\right)$$

$$R_3 = R_1 \,/\!/\, R_2 \,/\!/\, R_{\mathrm{f}}$$

（3）同相比例运算电路。图 10-3(a)是同相比例运算电路，它的输出电压与输入电压之间的关系为

$$U_{\mathrm{o}} = \left(1 + \frac{R_{\mathrm{f}}}{R_1}\right)U_{\mathrm{i}}$$

$$R_2 = R_1 /\!/ R_f$$

当 $R_1 \to \infty$ 时，$U_o = U_i$，即得到如图 10-3(b) 所示的电压跟随器。图中 $R_2 = R_f$，用以减小漂移和起保护作用。一般 R_f 取 10 kΩ，R_f 太小起不到保护作用，太大则影响跟随性。

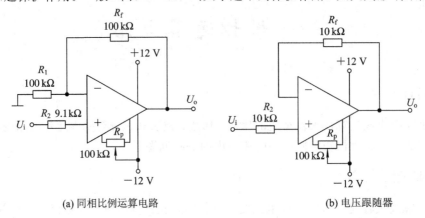

(a) 同相比例运算电路　　　　　　　(b) 电压跟随器

图 10-3　同相比例运算电路

（4）差动放大电路（减法器）。对于图 10-4 所示的减法运算电路，当 $R_1 = R_2$，$R_3 = R_f$ 时，有如下关系式：

$$U_o = \frac{R_f}{R_1}(U_{i2} - U_{i1})$$

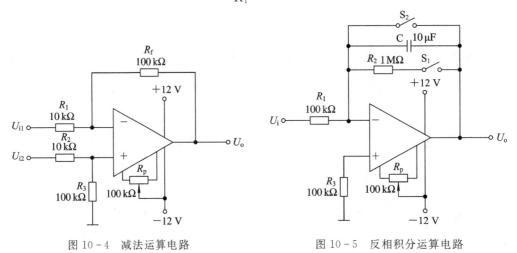

图 10-4　减法运算电路　　　　　　　图 10-5　反相积分运算电路

（5）积分运算电路。反相积分运算电路如图 10-5 所示。在理想化条件下，输出电压 u_o 等于

$$u_o(t) = -\frac{1}{RC}\int_0^t u_i \mathrm{d}t + u_C(0)$$

式中，$u_C(0)$ 是 $t=0$ 时刻电容 C 两端的电压值，即初始值。

如果 $u_i(t)$ 是幅值为 E 的阶跃电压，并设 $u_C(0)=0$，则

$$u_o(t) = -\frac{1}{RC}\int_0^t E\mathrm{d}t = -\frac{E}{RC}t$$

即输出电压 $u_o(t)$ 随时间增长而线性下降。显然 R_C 的数值大，达到给定的 U_o 值所需的时间

就长。积分输出电压所能达到的最大值受集成运放最大输出范围的限制。

在进行积分运算之前，首先应对运放调零。为了便于调节，将图中 S_1 闭合，通过电阻 R_2 的负反馈作用帮助实现调零。但在完成调零后，应将 S_1 打开，以免因 R_2 的接入造成积分误差。S_2 一方面为积分电容放电提供通路，同时可实现积分电容初始电压 $u_C(0)=0$，另一方面可控制积分起始点，即在加入信号 U_i 后，只要 S_2 一打开，电容就将被恒流充电，电路也就开始进行积分运算。

(6) 微分运算电路。微分运算电路如图 10－6 所示。

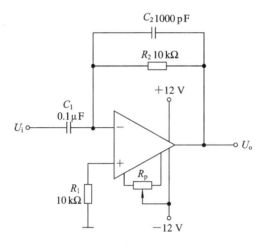

图 10－6　微分运算电路

三、实验设备、部件与器件

(1) ±12 V 直流电源；

(2) 函数信号发生器；

(3) 交流毫伏表；

(4) 直流电压表；

(5) 双踪示波器；

(6) 集成运算放大器 μA741×1；

(7) 虚拟仪器(选用)。

四、预习要求

(1) 复习集成运放线性应用部分的内容，并根据实验电路参数计算各电路输出电压的值。

(2) 在反相加法器中，如 U_{i1} 和 U_{i2} 均采用直流信号，并选定 $U_{i2}=-1$ V，则当考虑到运算放大器的最大输出幅度(±12 V)时，$|U_{i1}|$ 的大小不应超过多少伏？

(3) 在积分电路中，如 $R_1=100$ kΩ，$C=4.7$ μF，求时间常数。假设 $U_1=0.5$ V，问要使输出电压达到 5 V 需多长时间(设 $u_C(0)=0$)？

(4) 为了不损坏集成块，实验中应注意什么问题？

五、实验内容

在实验台的面板上找一具有 8 脚插座的适当位置，结合以下实验内容进行连线。

1. 反相比例运算电路

（1）按图 10 - 1 连接实验电路，接通 ±12 V 电源，输入端对地短路，对电路进行调零和消振。

（2）输入 $f=100$ Hz，$U_i=0.5$ V 的正弦交流信号，测量相应的 U_o，并用示波器观察 u_o 和 u_i 的相位关系，记入表 10 - 1。

表 10 - 1　　　　　　　　　　　　　　　　　　　　　　　　　（$U_i=0.5$ V　$f=100$ Hz）

U_i/V	U_o/V	u_i 波形	u_o 波形	A_V	
				实测值	计算值

2. 同相比例运算电路

（1）按图 10 - 3(a) 连接实验电路。实验步骤同上，将结果记入表 10 - 2。

表 10 - 2　　　　　　　　　　　　　　　　　　　　　　　　　（$U_i=0.5$ V　$f=100$ Hz）

U_i/V	U_o/V	u_i 波形	u_o 波形	A_V	
				实测值	计算值

（2）将图 10 - 3(a) 中的 R_1 断开，得图 10 - 3(b) 电路，重复内容（1）。

3. 反相加法运算电路

（1）按图 10 - 2 连接实验电路。对电路进行调零和消振。

（2）输入信号采用直流信号，图 10 - 7 所示电路为简易直流信号源，实验者自行完成。实验时要注意选择合适的直流信号幅度以确保集成运放工作在线性区。用直流电压表测量输入电压 U_{i1}、U_{i2} 及输出电压 U_o，记入表 10 - 3。

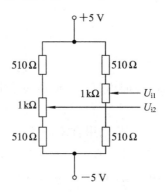

图 10 - 7　简易可调直流信号源

表 10 - 3

U_{i1}/V				
U_{i2}/V				
U_o/V				

4. 减法运算电路

（1）按图 10 - 4 连接实验电路，对电路进行调零和消振。

（2）采用直流输入信号，实验步骤同内容 3，记入表 10 - 4。

表 10 - 4

U_{i1}/V				
U_{i2}/V				
U_o/V				

5. 积分运算电路

实验电路如图 10 - 5 所示。

（1）打开 S_2，闭合 S_1，对运放输出进行调零。

（2）调零完成后，再打开 S_1，闭合 S_2，使 $u_C(0)=0$。

（3）预先调好直流输入电压 $U_i=0.5$ V，接入实验电路，再打开 S_2，然后用直流电压表测量输出电压 U_o，每 5 秒读一次 U_o，记入表 10 - 5，直到 U_o 不继续明显增大为止。

表 10 - 5

$t(s)$	0	5	10	15	20	25	30…
U_o/V							

6. 微分电路

（1）按图 10 - 6 连接电路，在函数发生器上调节输入方波信号 u_i，用示波器进行监视，要求方波信号的周期为 1～5 ms。

（2）把 u_i 信号加到微分电路的输入端，用示波器分别测量 u_i 和 u_o 的波形，画出波形图，并记录数据。

说明：本实验内容较多，其中 2 和 6 可作为选做内容。本实验内容中均可用虚拟仪器代替常规测量仪器进行测量，并可将波形存储和打印。

六、实验报告要求

（1）整理实验数据，画出波形图（注意波形间的相位关系）。

（2）将理论计算结果和实测数据相比较，分析产生误差的原因。

（3）分析讨论实验中出现的现象和问题。

七、思考题

（1）积分电路时间常数要求满足什么条件？

（2）微分电路时间常数要求满足什么条件？

实验十一 集成运算放大器的基本应用(Ⅱ) ——电压比较器

一、实验目的

(1) 掌握比较器的电路构成及特点。

(2) 学会测试比较器的方法。

二、实验原理

(1) 信号幅度比较就是用一个模拟电压信号去和一个参考电压相比较,在二者幅度相等的附近,输出电压将产生跃变。通常用于越限报警和波形变换等场合。此时,幅度鉴别的精确性、稳定性以及输出反应的快速性是主要的技术指标。

图 11-1 所示为一最简单的电压比较器,U_R 为参考电压,加在运放的同相输入端,电压 u_i 加在反相输入端。

当 $u_i < U_R$ 时,运放输出高电平,输出端电位被箝位在稳压管的稳定电压 U_Z,即 $u_o = U_Z$。

当 $u_i > U_R$ 时,运放输出低电平,D_Z 正向导通,输出端电位等于其正向压降 U_D,即 $u_o = U_D$。

因此,以 U_R 为界,当输入电压 u_i 变化时,输出端反映出两种状态。高电位和低电位。

表示输出电压与输入电压之间关系的特性曲线,称为传输特性。图 11-1(b)为(a)图比较器的传输特性。

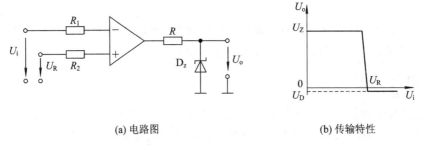

(a) 电路图   (b) 传输特性

图 11-1 过零电压比较器

(2) 常用的幅度比较器有简单过零比较器、具有滞回特性的过零比较器(又称 Schmitt 触发器)、双限比较器(又称窗口比较器)等。图 11-2 为简单过零比较器,图 11-3 为具有滞回特性的过零比较器。

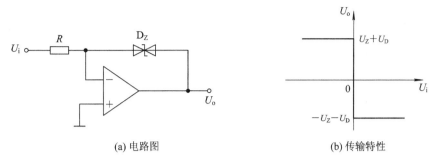

(a) 电路图　　　　　　　　　　　(b) 传输特性

图 11-2　简单过零比较器

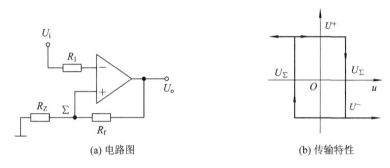

(a) 电路图　　　　　　　　　　　(b) 传输特性

图 11-3　具有滞回特性的过零比较器

过零比较器在实际工作时，如果 u_i 恰好在过零值附近，则由于零点漂移的存在，u_o 将不断由一个极限值转换到另一个极限值，这在控制系统中，对执行机构将是很不利的。为此，就需要输出特性具有滞回现象。如图 11-3 所示，从输出端引一个电阻分压支路到同相输入端，若 u_o 改变状态，Σ 点也随着改变电位，使过零点离开原来位置。当 u_o 为正（记作 U^+），$U_\Sigma = \dfrac{R_2}{R_f + R_2} U^+$，则当 $u_i > U_\Sigma$ 后，u_o 即由正变负（记作 U^-），此时 U_Σ 变为 $-U_\Sigma$。故只有当 u_i 下降到 $-U_\Sigma$ 以下，才能使 u_o 再度回升到 U^+，于是出现图(b)中所示的滞回特性。$-U_\Sigma$ 与 U_Σ 的差别称回差。改变 R_2 的数值可以改变回差的大小。

（3）窗口（双限）比较器。简单的比较器仅能鉴别输入电压 u_i 比参考电压 U_R 高或低的情况，窗口比较电路是由两个简单比较器组成，如图 11-4 所示，它能指示出 u_i 值是否处于 U_R^+ 和 U_R^- 之间。

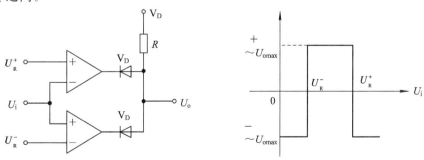

图 11-4　两个简单比较器组成的窗口比较器

三、实验设备与器件

(1) ±12 V 直流电源；

(2) 函数信号发生器；

(3) 双踪示波器(另配)；

(4) 直流电压表；

(5) 交流毫伏表；

(6) μA741×2、2DW7×1；

(7) 虚拟仪器(选用)。

四、预习要求

复习教材有关比较器的内容。

五、实验内容

1. 过零电压比较器

实验电路如图 11-5 所示。

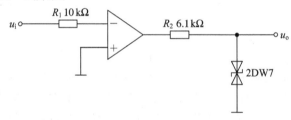

图 11-5　过零比较器

在图示电路中接通 ±12 V 电源，测量输入端 u_i 悬空时的 u_o 电压。u_i 输入 500 Hz、幅值为 2 V 的正弦信号，观察 u_i-u_o 的波形并记录。改变 u_i 幅值，测量传输特性曲线。

2. 反相滞回比较器

实验电路如图 11-6 所示。

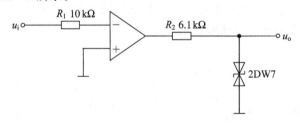

图 11-6　反相滞回比较器

按图接线，u_i 接 +5 V 可调直流电源，测出 u_o 由 $+U_{omax} \rightarrow -U_{omax}$ 时 u_i 的临界值。按上述方法测出 u_o 由 $-U_{omax} \rightarrow +U_{omax}$ 时的临界值。u_i 接 500 Hz，峰值为 2 V 的正弦信号，观察并记录 u_i-u_o 波形。将分压支路 100 kΩ 电阻改为 200 kΩ，重复上述实验，测定传输特性。

3. 同相滞回比较器

实验线路如图 11-7 所示。

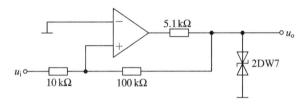

图 11-7 同相滞回比较器

参照 2,自拟实验步骤及方法,将结果与 2 相比较。

4. 窗口比较器

参照图 11-4 自拟实验步骤和方法,测定其传输持性。

说明:本实验内容中均可用虚拟仪器代替常规测量仪器进行测量,并可将波形存储和打印。

六、实验报告要求

(1) 整理实验数据,绘制各类比较器的传输特性曲线。

(2) 总结几种比较器的特点,说明它们的应用。

七、思考题

(1) 若输入端对地短路,输出电压 $u_o \neq 0$,说明组件存在什么问题?如何解决?

(2) 在调零时为什么要接成闭环?能把 R_f 开路调零吗?

实验十二　集成运算放大器的基本应用(Ⅲ)
——波形发生器

一、实验目的

（1）学会用集成运放构成方波和三角波发生器。

（2）掌握波形发生器的调整和主要性能指标的测试方法。

二、实验原理

1. 方波发生器

方波发生器是一种能够直接产生方波或矩形波的非正弦信号发生器。实验所用的方波发生器原理图如图 12-1 所示，它是在迟滞比较器的基础上，增加了一个 R_f、C_f 组成的积分电路，把输出电压经 R_f、C_f 反馈到集成运放的反相端，运放的输出端引入限流电阻 R_S 和两个背靠背的稳压管用于双向限幅。

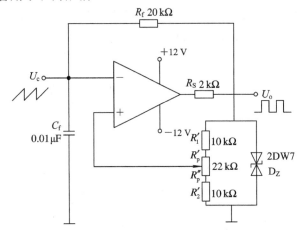

图 12-1　方波发生器

该电路的振荡频率为

$$f_o = \frac{1}{2R_f C_f L_n \left(1 + \dfrac{2R_2}{R_1}\right)}$$

式中，$R_1 = R_1' + R_p'$，$R_2 = R_2' + R_p''$，方波输出幅值 $U_{om} = \pm U_Z$。

2. 三角波和方波发生器

如把迟滞比较器和积分器首尾相接形成正反馈闭环系统，如图 12-2 所示，则比较器输出的方波经积分可得到三角波，三角波又触发比较器自动翻转形成方波，这样即可构成三角波、方波发生器。由于采用运放组成的积分电路，因此可实现恒流充电，使三角波线性大大改善。

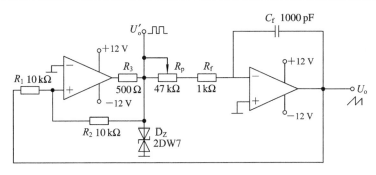

图 12-2 三角波、方波发生器

电路的振荡频率 $$f_o = \frac{R_2}{4R_1(R_f + R_p)C_f}$$

方波的幅值 $$U'_{om} = \pm U_Z$$

三角波的幅值 $$U_{om} = \frac{R_1}{R_2}U_Z$$

调节 R_p 可以改变振荡频率，改变比值 $\dfrac{R_1}{R_2}$ 可调节三角波的幅值。

三、实验设备与器件

(1) ±12 V 直流电源；

(2) 双踪示波器；

(3) 交流毫伏表；

(4) 频率计；

(5) $\mu A741 \times 2$、$2DW7 \times 1$、$2CP \times 2$；

(6) 虚拟仪器(选用)。

四、预习要求

(1) 复习有关三角波及方波发生器的工作原理，并估算图 12-1、12-2 电路的振荡频率。

(2) 设计实验表格。

五、实验内容

1. 方波发生器

在实验台面板上选一带有 8 脚运放插座的合适区域，按图 12-1 连接实验电路。

(1) 将电位器 R_p 调至中心位置，用双踪示波器观察并描绘方波 u_o 及三角波 u_C 的波形(注意对应关系)，测量其幅值及频率，记录之。

(2) 改变 R_p 动点的位置，观察 u_o、u_C 幅值及频率变化情况。把动点调至最上端和最下端，测出频率范围，记录之。

(3) 将 R_p 恢复至中心位置，将一只稳压管短接，观察 u_o 波形，分析 D_z 的限幅作用。

2. 三角波和方波发生器

按图 12-2 连接实验电路。

（1）将电位器 R_p 调至合适位置，用双踪示波器观察并描绘三角波输出 u_o 及方波输出 u_o'，测其幅值、频率及 R_p 值，记录之。

（2）改变 R_p 的位置，观察对 u_o、u_o' 幅值及频率的影响。

（3）改变 R_1（或 R_2），观察对 u_o、u_o' 幅值及频率的影响。

说明：本实验内容中均可用虚拟仪器代替常规测量仪器进行测量，并可将波形存储和打印。

六、实验报告

1. 方波发生器

（1）列表整理实验数据，在同一坐标纸上，按比例画出方波和三角波的波形图（标出时间和电压幅值）。

（2）分析 R_p 变化时，对 u_o 波形的幅值及频率的影响。

（3）讨论 D_Z 的限幅作用。

2. 三角波和方波发生器

（1）整理实验数据，把实测频率与理论值进行比较。

（2）在同一坐标纸上，按比例画出三角波及方波的波形，并标明时间和电压幅值。

（3）分析电路参数变化（R_1、R_2 和 R_p）对输出波形频率及幅值的影响。

七、思考题

电路参数变化对图 12-1、图 12-2 产生的方波和三角波频率及电压幅值有什么影响？（或者：怎样改变图 12-1、图 12-2 电路中方波及三角波的频率及幅值？）

实验十三　集成运算放大器的基本应用(Ⅳ)——有源滤波器

一、实验目的

(1) 熟悉用运放、电阻和电容组成有源低通滤波和带通、带阻滤波器及其特性。

(2) 学会测量有源滤波器的幅频特性。

二、实验原理

本实验是用集成运算放大器和 RC 网络来组成不同性能的有源滤波电路。

1. 低通滤波器

低通滤波器是指低频信号能通过而高频信号不能通过的滤波器，用一阶 RC 网络组成的称为一阶 RC 有源低通滤波器，如图 13-1 所示。其中，图 13-1(a)中，RC 网络接在运算放大器的同相输入端；图 13-1(b)中，RC 网络接在运算放大器的反相输入端；图 13-1(c)所示为一阶 RC 低通滤波器的幅频特性。

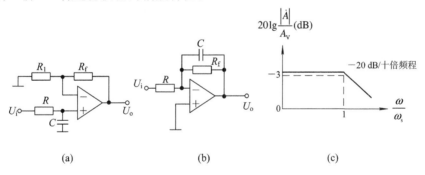

图 13-1　基本的有源低通滤波器

为了改善滤波效果，在图 13-1(a)的基础上再加一对 RC 网络且将第一级电容 C 的接地端改接到输出端的方式，即为一个典型的二阶有源低通滤波器，如图 13-2 所示。这种有源滤波器的幅频特性为

$$\dot{A} = \frac{\dot{U_o}}{\dot{U_i}} = \frac{A_V}{1 + (3 - A_V)SCR + (SCR)^2}$$

$$= \frac{A_V}{1 - \left(\dfrac{\omega}{\omega_o}\right)^2 + j\dfrac{1}{Q}\dfrac{\omega}{\omega_o}}$$

式中：

$A_V = 1 + \dfrac{R_f}{R_1}$ 为二阶低通滤波器的通带增益；

$\omega_o = \dfrac{1}{RC}$ 为截止频率，它是二阶低通滤波器通带与阻带的界限频率；

$Q = \dfrac{1}{3 - A_V}$ 为品质因数，它的大小影响低通滤波器在截止频率处幅频特性的形状。

注：式中 S 代表 $j\omega$

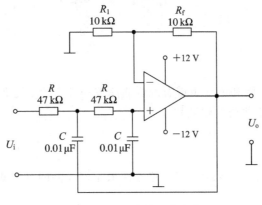

图 13 - 2　二阶低通滤波器

2. 高通滤波器

只要将低通滤波器滤波网络中的电阻、电容互换即可变成有源高通滤波器，如图 13 - 3(a)所示。高通滤波器性能与低通滤波器相反，其频率响应和低通滤波器是"镜像"关系。

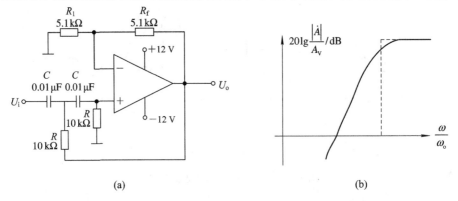

(a)　　　　　　　　　　　　　(b)

图 13 - 3　高通滤波器

这种高通滤波器幅频特性可表示为下式：

$$\dot{A} = \frac{\dot{U}_o}{\dot{U}_i} = \frac{(SCR)^2 A_V}{1 + (3 - A_V)SCR + (SCR)^2} = \frac{\left(\dfrac{\omega}{\omega_o}\right)^2 A_V}{1 - \left(\dfrac{\omega}{\omega_o}\right)^2 + j\,\dfrac{1}{Q}\dfrac{\omega}{\omega_o}}$$

式中 A_V、ω_o、Q 的意义与前相同。

3. 带通滤波器

带通滤波器的作用是只允许在一个通频带范围内的信号通过，而比通频带下限频率低和比上限频率高的信号都被阻断。典型的带通滤波器可将二阶低通滤波电路中的其中一级改成高通而成，如图 13 - 4 所示。

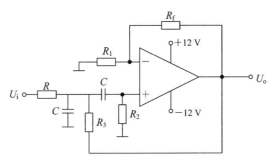

图 13 - 4　典型二阶带通滤波器

它的输入/输出关系为

$$\dot{A}=\frac{\dot{U}_\mathrm{o}}{\dot{U}_\mathrm{i}}=\frac{\left(1+\dfrac{R_\mathrm{f}}{R_1}\right)\left(\dfrac{1}{\omega_\mathrm{o}RC}\right)\left(\dfrac{S}{\omega_\mathrm{o}}\right)}{1+\dfrac{B}{\omega_\mathrm{o}}\cdot\dfrac{S}{\omega_\mathrm{o}}+\left(\dfrac{S}{\omega_\mathrm{o}}\right)^2}$$

中心角频率为

$$\omega_\mathrm{o}=\sqrt{\frac{1}{R_2C^2}\left(\frac{1}{R}+\frac{1}{R_3}\right)}$$

频带宽为

$$B=\frac{1}{C}\left(\frac{1}{R}+\frac{2}{R_2}-\frac{R_\mathrm{f}}{R_1R_3}\right)$$

选择性为

$$Q=\frac{\omega_\mathrm{o}}{B}$$

这种电路的优点是改变 R_f 和 R_1 的比例就可改变频宽而不影响中心频率。当 $R=160\ \mathrm{k\Omega}$，$R_2=22\ \mathrm{k\Omega}$，$R_3=12\ \mathrm{k\Omega}$，$R_\mathrm{f}=R_1=47\ \mathrm{k\Omega}$，$C=0.01\ \mu\mathrm{F}$ 时，$\omega_\mathrm{o}=1023\ \mathrm{Hz}$，其上限频率为 $1074\ \mathrm{Hz}$，下限频率为 $974\ \mathrm{Hz}$，Q 为 10.23，增益为 2，其幅频特性如图 13 - 5 所示。

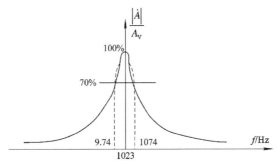

图 13 - 5　带通滤波器的幅频特性

4. 带阻滤波器

如图 13 - 6 所示，带阻滤波器的性能和带通滤波器相反，即在规定的频带内，信号不能通过(或受到很大衰减)，而在其余频率范围，信号则能顺利通过。常用于抗干扰设备中。带阻滤波器的电路图如图 13 - 6(a)所示，频率特性如图 13 - 6(b)所示。

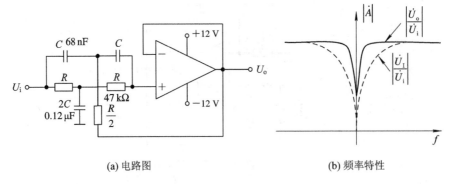

(a) 电路图   (b) 频率特性

图 13-6 二阶带阻滤波器

这种电路的输入/输出关系为

$$\dot{A} = \frac{\dot{U}_o}{\dot{U}_i} = \frac{\left[1 + \left(\frac{S}{\omega_o}\right)^2\right] A_V}{1 + 2(2 - A_V)\frac{S}{\omega_o} + \left(\frac{S}{\omega_o}\right)^2}$$

式中：

$$A_V = \frac{R_f}{R_1}; \quad \omega_o = \frac{1}{RC}$$

由式中可见，A_V 愈接近 2，$|A|$ 愈大，即起到阻断范围变窄的作用。

三、实验设备与器件

(1) ±12 V 直流电源；

(2) 函数信号发生器；

(3) 双踪示波器；

(4) 交流毫伏表；

(5) 频率计；

(6) μA741×1；

(7) 虚拟仪器(选用)。

四、预习要求

(1) 复习教材中有关滤波器的内容。

(2) 分析图 13-2～图 13-4 及图 13-6 所示电路，写出它们的增益特性表达式。

(3) 计算图 13-2，图 13-3 的截止频率，图 13-4，图 13-6 的中心频率。

(4) 画出上述四种电路的幅频特性曲线。

五、实验内容

1. 二阶低通滤波器

实验电路如图 13-2 所示。接通 ±12 V 电源。函数信号发生器输出端接二阶低通滤波器的输入端，调节信号发生器，令其输出为 $U_i = 1$ V 的正弦波，改变其频率，并维持 $U_i = 1$ V 不变，测量输出电压 U_o，记入表 13-1。

表 13 - 1

f/Hz	
$U_\circ/\mathrm{V}$	

2. 二阶高通滤波器

实验电路如图 13 - 3(a)所示。按表 13 - 2 的内容测量并记录。

表 13 - 2

f/Hz	
$U_\circ/\mathrm{V}$	

3. 带通滤波器

实验电路如图 13 - 4 所示，测量其频响特性。数据表格自拟。

(1) 实测电路的中心频率 f。

(2) 以实测中心频率为中心，测出电路的幅频特性。

4. 带阻滤波器

实验电路选定为如图 13 - 6 所示的双 T 型 RC 网络。数据表格自拟。

(1) 实测电路的中心频率。

(2) 测出电路的幅频特性。

说明：本实验内容较多，其中 4 可作为选作内容。本实验内容中均可用虚拟仪器代替常规测量仪器进行测量，并可将波形存储和打印。

六、实验报告要求

(1) 整理实验数据，画出各电路实测的幅频特性。

(2) 根据实验曲线，计算截止频率、中心频率、带宽。

(3) 总结有源滤波电路的特性。

七、思考题

(1) 低通滤波器和高通滤波器的幅频特性具有"镜像"关系吗？

(2) 如何由低通和高通滤波电路构成带通滤波器，有什么条件限制？

实验十四 低频功率放大器(Ⅰ)
——OTL功率放大器

一、实验目的

(1) 进一步理解OTL功率放大器的工作原理。

(2) 学会OTL电路的调试及主要性能指标的测试方法。

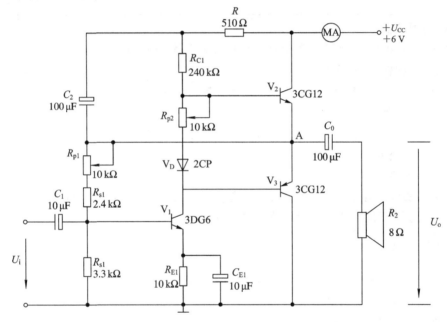

图14-1 OTL功率放大器实验电路

二、实验原理

图14-1所示为OTL低频功率放大器。其中由晶体三极管V_1组成推动级(也称前置放大级),V_2、V_3是一对参数对称的NPN和PNP型晶体三极管,它们组成互补推挽OTL功放电路。由于每一个管子都接成射极输出器形式,因此具有输出电阻低,负载能力强等优点。V_1管工作于甲类状态,它的集电极电流I_{C1}由电位器R_{p1}进行调节。I_{C1}的一部分流经电位器R_{p2}及二极管V_D,给V_2、V_3提供偏压。调节R_{p2},可以使V_2、V_3得到合适的静态电流而工作于甲乙类状态,以克服交越失真。静态时要求输出端中点A的电位$U_A = \frac{1}{2}U_{CC}$,可以通过调节R_{p1}来实现。又由于R_{p1}的一端接在A点,因此在电路中引入交、直流电压并联负反馈,一方面能够稳定放大器的静态工作点,另一方面也改善了非线性失真。

当输入正弦交流信号u_i时,经V_1放大、倒相后同时作用于V_2、V_3的基极,u_i的负半周

使 V_2 管导通(V_3 管截止),有电流通过负载 R_L,同时向电容 C_0 充电;在 u_i 的正半周,V_3 管导通(V_2 管截止),则已充好电的电容器 C_0 起着电源的作用,通过负载 R_L 放电,这样在 R_L 上就得到完整的正弦波。C_2 和 R 构成自举电路,用于提高输出电压正半周的幅度,以得到大的动态范围。

OTL 电路的主要性能指标如下:

(1) 最大不失真输出功率 P_{om}。

理想情况下,$P_{om} = \dfrac{1}{8}\dfrac{U_{CC}^2}{R_L}$,实验中可通过测量 R_L 两端的电压有效值,来求得实际的 $P_{om} = \dfrac{U_o^2}{R_L}$。

(2) 效率 η。

$$\eta = \frac{P_{om}}{P_E}100\%$$

其中:P_E 为直流电源供给的平均功率。

理想情况下,$\eta_{max} = 78.5\%$。在实验中,可测量电源供给的平均电流 I_{dc},从而求得 $P_E = U_{CC} \cdot I_{dc}$,负载上的交流功率已用上述方法求出,因而也就可以计算实际效率了。

三、实验设备与器件

(1) +6 V 直流电源;

(2) 直流电压表;

(3) 函数信号发生器;

(4) 直流毫安表;

(5) 双踪示波器;

(6) 频率计;

(7) 交流毫伏表;

(8) 虚拟仪器(选用);

(9) 3DG6×1(9011×1)8050×1,8550×1,2CP×1,8Ω 喇叭×1。

四、预习要求

(1) 复习有关 OTL、OCL 工作原理的内容。

(2) 了解为什么引入自举电路能够扩大输出电压的动态范围。

(3) 电路 14-1 中电位器 R_{p2} 如果开路或短路,对电路工作有何影响。

(4) 为了不损坏输出管,考虑调试中应注意什么问题。

五、实验内容

1. 静态工作点的测试

按图 14-1 连接实验电路,电源进线中串入直流毫安表,电位器 R_{p2} 置最小值,R_{p1} 置中间位置。接通 +6 V 电源,观察毫安表指示,同时用手触摸输出级管子,若电流过大,或管子升温显著,应立即断开电源检查原因(如 R_{p2} 开路,电路自激,或输出管性能不好等)。

如无异常现象，可开始调试。

1）调节输出端中点电位 U_A

调节电位器 R_{p1}，用直流电压表测量 A 点电位，使 $U_A = \frac{1}{2} U_{CC}$。

2）调整输出级静态电流及测试各级静态工作点

调节 R_{p2}，使 V_2、V_3 管的 $I_{C2} = I_{C3} = 5 \sim 10$ mA。从减小交越失真角度而言，应适当加大输出级静态电流，但该电流过大，会使效率降低，所以一般以 $5 \sim 10$ mA 左右为宜。由于毫安表是串在电源进线中，因此测得的是整个放大器的电流。但一般 V_1 的集电极电流 I_{C1} 较小，从而可以把测得的总电流近似当作末级的静态电流。如要准确得到末级静态电流，则可以从总电流中减去 I_{C1} 之值，I_{C1} 的大小可由 R_{E1} 两端压降估测出来。

调整输出级静态电流的另一方法是动态调试法。先使 $R_{p2} = 0$，在输入端接入 $f = 1$ kHz 的正弦信号 u_i，逐渐加大输入信号的幅度，此时，输出波形应出现较严重的交越失真（注意：没有饱和和截止失真）。然后缓慢调节（增大）R_{p2}，当交越失真刚好消失时，停止调节 R_{p2}，恢复 $u_i = 0$，此时直流毫安表读数即为输出级静态电流。一般数值也应在 $5 \sim 10$ mA 左右，如过大，则要检查电路。

输出级电流调好以后，测量各级静态工作点，记入表 14-1。

表 14-1   ($I_{c2} = I_{c3} =$ mA $U_A = 3$ V)

	V_1	V_2	V_3
U_B/V			
U_C/V			
U_E/V			

注意：① 在调整 R_{p2} 时，一是要注意旋转方向，不要调得过大，更不能开路，以免损坏输出管。

② 输出管静态电流调好，如无特殊情况，不得随意旋动 R_{p2} 的位置。

2. 最大输出功率 P_{om} 和效率 η 的测试

1）测量 P_{om}

输入端接 $f = 1$ kHz 的正弦信号 u_i，输出端用示波器观察输出电压 u_o 波形。逐渐增大 u_i，使输出电压达到最大不失真输出，用交流毫伏表测出负载 R_L 上的电压 U_{om}，则 $P_{om} = \dfrac{U_{om}^2}{R_L}$。

2）测量 η

当输出电压为最大不失真输出时，读出直流毫安表中的电流值，此电流即为直流电源供给的平均电流 I_{dc}（有一定误差），由此可近似求得 $P_E = U_{CC} I_{dc}$，再根据上面测得 P_{om}，即可求出 $\eta = \dfrac{P_{om}}{P_E}$。

3. 研究自举电路的作用

（1）测量有自举电路，且 $P_o = P_{omax}$ 时的电压增益 $A_V = \dfrac{U_{om}}{U_i}$。

(2) 将 C_2 开路，R 短路(无自举)，再测量 $P_o = P_{omax}$ 的 A_V。

用示波器观察(1)、(2)两种情况下的电压波形，并将以上两项测量结果进行比较，分析研究自举电路的作用。

4. 噪声电压的测试

测量时将输入端短路($u_i = 0$)，观察输出噪声波形，并用交流毫伏表测量输出电压，即为噪声电压 U_N，电压 U_N 若小于 15 mV，即满足要求。

5. 试听

输入信号改为录音机输出，输出端接试听音箱及示波器。开机试听，并观察语言音乐信号的输出波形。

说明：本实验内容较多，其中 4 和 5 可作为选作内容。本实验内容中均可用虚拟仪器代替常规测量仪器进行测量，并可将波形存储和打印。

六、实验报告要求

(1) 整理实验数据，计算静态工作点、最大不失真输出功率 P_{om}、效率 η 等，并与理论值进行比效。

(2) 分析自举电路的作用。

(3) 讨论实验中发生的问题及解决办法。

七、思考题

(1) OCL 功率放大器与 OTL 功率放大器的区别是什么？

(2) 交越失真产生的原因是什么？怎样克服交越失真？

(3) 如电路有自激现象，应如何消除？

实验十五 低频功率放大器(Ⅱ)
——集成功率放大器

一、实验目的

(1) 熟悉功率放大集成块的应用。

(2) 学习集成放大器基本技术指标的测试。

二、实验原理

集成功率放大器由集成功放块和一些外接阻容元件构成。它具有线路简单,性能优越,工作可靠,调试方便等优点,目前已经成为在音频领域中应用十分广泛的功率放大器。

电路中最主要的组件为集成功放块,通常包括前置级、推动级和功率级等几部分。有些还具有一些特殊功能(消除噪声、短路保护等)的电路。其电压增益较高(不加负反馈时,电压增益达 70~80 dB,加典型负反馈时电压增益在 40 dB 以上)。

集成功放块的种类很多。本实验采用的集成功放块型号为 LA4112,它的内部电路如图 15-1 所示,由三级电压放大,一级功率放大以及偏置、恒流、反馈、退耦电路组成。

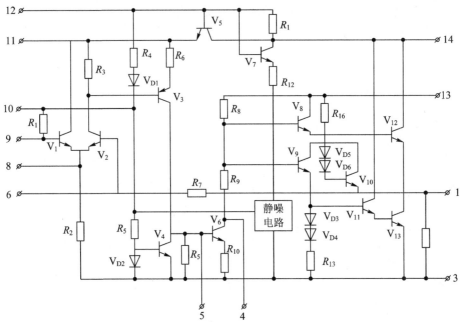

图 15-1 LA4112 内部电路图

1) 电压放大级

第一级选用由 V_1 和 V_2 管组成的差动放大器,这种直接耦合的放大器零漂较小,第二

级的 V_3 管完成直接耦合电路中的电平移动，V_4 是 V_3 管的恒流源负载，以获得较大的增益；第三级由 V_6 管等组成，此级增益最高，为防止出现自激振荡，需在该管的 B、C 极之间外接消振电容。

1）功率放大级

由 $V_8 \sim V_{13}$ 等组成复合互补推挽电路。为提高输出级增益和正向输出幅度，需外接"自举"电容。

3）偏置电路

为建立各级合适的静态工作点而设立。

除上述主要部分外，为了使电路工作正常，还需要和外部元件一起构成反馈电路来稳定和控制增益。同时，还设有退耦电路来消除各级间的不良影响。

LA4112 集成功放块是一种塑料封装十四脚的双列直插器件，它的外形如图 15-2 所示。表 15-1 表 15-2 是它的极限参数和电参数。

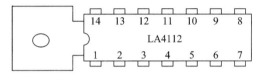

图 15-2　LA4112 外形及管脚排列图

与 LA4112 集成功放块技术指标相同的国内产品还有 FD403、FY4112、D4112 等，它们可以互相替代使用。

表 15-1

参　　数	符号与单位	额　定　值
最大电源电压	U_{ccmax}/V	13(有信号时)
允许功耗	P_o/W	1.2
		2.25(50×50 mm² 铜箔散热片)
工作温度	$T_{opr}/℃$	$-20 \sim +70$

表 15-2

参　　数	符号与单位	测　试　条　件	典　型　值
工作电压	U_{CC}/V		9
静态电流	I_{ccq}/mA	$U_{CC}=9\ V$	15
开环电压增益	A_{vo}/dB		70
输出功率	P_o/W	$R_L=4\ \Omega \quad f=1\ kHz$	1.7
输入阻抗	$R_i/k\Omega$		20

集成功率放大器 LA4112 的应用如图 15-3 所示，该电路中各电容和电阻的作用简要说明如下：

C_1、C_9——输入、输出耦合电容，并有隔直作用；

C_2 和 R_f——反馈元件，决定电路的闭环增益；

C_3、C_4、C_8——滤波、退耦电容；

C_5、C_6、C_{10}——消振电容，消除寄生振荡；

C_7——自举电容，若无此电容，将出现输出波形半边被削波的现象。

三、实验设备与器件

(1) +9 V 直流电源；

(2) 函数信号发生器；

(3) 双踪示波器(另配)；

(4) 交流毫伏表；

(5) 直流电压表；

(6) 直流毫安表；

(7) 频率计；

(8) 虚拟仪器(选用)；

(9) 集成功放块 LA4112×1。

四、预习要求

(1) 复习有关集成功率放大器部分内容。

(2) 了解若将电容 C_7 除去，将会出现什么现象。

(3) 了解若在无输入信号时，从接在输出端的示波器上观察到频率较高的波形，是否正常。如何消除。

五、实验内容

按图 15-3 连接实验电路。

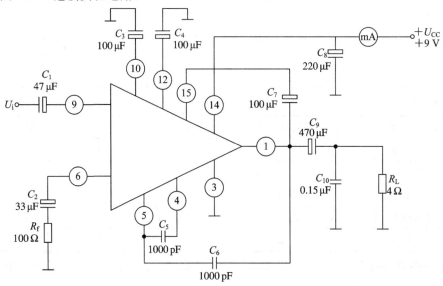

图 15-3　由 LA4112 构成的集成功放实验电路

1. 静态测试

将输入信号旋至零，接通+9 V 直流电源，测量静态总电流以及集成块各引脚对地电压,记入自拟表格中。

2. 动态测试

(1)接入自举电容 C_7。

输入端接 1 kHz 正弦信号,输出端用示波器观察输出电压波形,逐渐加大输入信号幅度,使输出电压为最大不失真输出,用交流毫伏表测量此时的输出电压 U_{om},则最大输出功率为

$$P_{om} = \frac{U_{om}^2}{R_L}$$

(2)断开自举电容 C_7。观察输出电压波形变化情况。

3. 噪声电压测试

要求 $U_N < 2.5$ mV,测试方法同实验四。

4. 试听

说明:进行本实验时,应注意以下几点:

(1)电源电压不允许超过极限值,不允许极性接反,否则集成块将遭损坏。

(2)电路工作时绝对避免负载短路,否则将烧毁集成块。

(3)接通电源后,时刻注意集成块的温度,有时,未加输入信号集成块就发热过甚,同时直流毫安表指示出较大的电流及示波器显示出幅度较大,频率较高的波形,说明电路有自激现象,应立即关机,然后进行故障分析并处理。待自激振荡消除后,才能重新进行实验。

(4)输入信号不要过大。

(5)本实验内容中均可用虚拟仪器代替常规测量仪器进行测量,并可将波形存储和打印。

六、实验报告要求

(1)整理实验数据,并进行分析。

(2)讨论实验中发生的问题及解决办法。

七、思考题

(1)如果电路产生了寄生振荡,应采取什么措施?

(2)在芯片允许的功率范围内,加大输出功率可采取哪些措施?

实验十六　RC 正弦波振荡器

一、实验目的

（1）进一步理解 RC 正弦波振荡器的组成及其振荡条件。

（2）学会测量、调试 RC 正弦波振荡器。

二、实验原理

RC 正弦波振荡器的主要特征是用 R、C 元件组成选频网络，主要类型有 RC 移相振荡器、RC 串并联网络振荡器、双 T 选频网络振荡器等。

1. RC 移相振荡器

RC 移相振荡器原理图如图 16 - 1 所示。

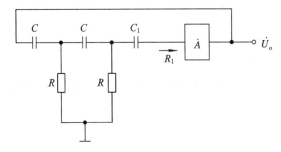

图 16 - 1　RC 移相振荡器原理图

振荡频率：$f_0 = \dfrac{1}{2\pi\sqrt{6}RC}$。

起振条件：放大器 A 的电压放大倍数 $|\dot{A}| > 29$。

电路特点：简便，但选频作用差，振幅不稳，频率调节不便，一般用于频率固定且稳定性要求不高的场合。

频率范围：几赫～数十千赫。

2. RC 串并联网络(文氏桥)振荡器

RC 串并联网络(文氏桥)振荡器原理图如图 16 - 2 所示。

振荡频率：$f_0 = \dfrac{1}{2\pi RC}$。

起振条件：$|\dot{A}| > 3$。

电路特点：可方便地连续改变振荡频率，便于加负反馈稳幅，容易得到良好的振荡波形。

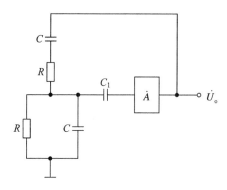

图 16-2　RC 串并联网络振荡器原理图

3. 双 T 选频网络振荡器

双 T 选频网络振荡器原理图如图 16-3 所示。

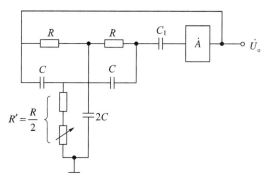

图 16-3　双 T 选频网络振荡器原理图

振荡频率：$f_0 = \dfrac{1}{5RC}$。

起振条件：$R' < \dfrac{R}{2}$，$|\dot{A}\dot{F}| > 1$。

电路特点：选频特性好，调频困难，适于产生单一频率的振荡。

三、实验设备与器件

（1）± 12 V 直流电源；

（2）函数信号发生器；

（3）双踪示波器（另配）；

（4）频率计；

（5）直流电压表；

（6）虚拟仪器（选用）；

（7）3DG12$\times$或 9013$\times$2，μA741$\times$1。

四、预习要求

（1）复习教材中有关 RC 振荡器的结构与工作原理。

（2）考虑如何用示波器来测量振荡电路的振荡频率。

五、实验内容

1. RC 串并联选频网络振荡器

（1）RC 串并联网络振荡器实验电路如图 16 - 4 所示，其中 RC 串并联电路构成正反馈支路，同时兼作选频网络，R_1、R_2、R_p 及二极管等元件构成负反馈和稳幅环节。

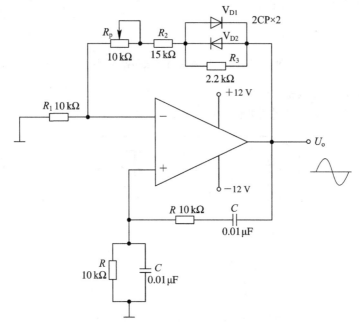

图 16 - 4　RC 串并联网络振荡器实验电路

（2）接通电源，断开 RC 串并联网络，测量放大器静态工作点及电压放大倍数。

（3）接通 RC 串并联网络，并使电路起振，用示波器观测输出电压 u_o 波形，调节 R_p 获得满意的正弦信号，记录波形及其参数。

（4）测量振荡频率，并与计算值进行比较。

（5）改变 R 或 C 值，观察振荡频率变化情况。

2. 制表并记录

自拟"双 T 网络 RC 正弦波振荡器"的实验步骤，并记录实验数据。

说明：本实验内容中均可用虚拟仪器代替常规测量仪器进行测量，并可将波形存储和打印。

六、实验报告要求

（1）由给定电路参数计算振荡频率，并与实测值比较，分析误差产生的原因。

（2）总结 RC 振荡器的特点。

七、思考题

（1）RC 正弦波振荡器有哪几种类型？各有什么特点？

（2）怎样用示波器来测量振荡电路的振荡频率？

实验十七　*LC* 正弦波振荡器

一、实验目的

（1）掌握变压器反馈式 *LC* 正弦波振荡器的调整和测试方法。

（2）研究电路参数对 *LC* 振荡器起振条件及输出波形的影响。

二、实验原理

LC 正弦波振荡器是用 *L*、*C* 元件组成选频网络的振荡器，一般用来产生 1 MHz 以上的高频正弦信号。根据 *LC* 调谐回路的不同连接方式，*LC* 正弦波振荡器又可分为变压器反馈式（或称互感耦合式）、电感三点式和电容三点式三种。图 17 - 1 为变压器反馈式 *LC* 正弦波振荡器的实验电路。其中晶体三极管 V_1 组成共射放大电路，变压器 T_r 的原绕组 L_1（振荡线圈）与电容 *C* 组成调谐回路，它既做为放大器的负载，又起选频作用，副绕组 L_2 为反馈线圈，L_3 为输出线圈。

该电路是靠变压器原、副绕组同名端的正确连接来满足自激振荡的相位条件，即满足正反馈条件的。在实际调试中可以通过把振荡线圈 L_1 或反馈线圈 L_2 的首、末端对调，来改变反馈的极性。而振幅条件的满足，一是靠合理选择电路参数，使放大器建立合适的静态工作点，其次是改变线圈 L_2 的匝数，或它与 L_1 之间的耦合程度，以得到足够强的反馈量。稳幅作用是利用晶体管的非线性来实现的。由于 *LC* 并联谐振回路具有良好的选频作用，因此输出电压波形一般失真不大。

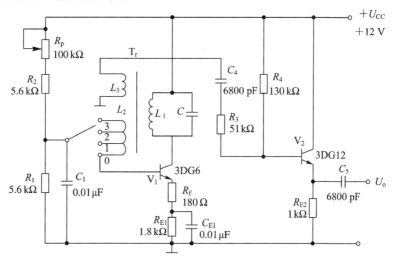

图 17 - 1　*LC* 正弦波振荡器实验电路

振荡器的振荡频率由谐振回路的电感和电容决定：

$$f_0 = \frac{1}{2\pi \sqrt{LC}}$$

式中 L 为并联谐振回路的等效电感(即考虑其他绕组的影响)。振荡器的输出端增加一级射极跟随器,用以提高电路的带负载能力。

三、实验设备与器件

(1) +12 V 直流电源;
(2) 双踪示波器;
(3) 交流毫伏表;
(4) 直流电压表;
(5) 频率计;
(6) 振荡线圈;
(7) 晶体三级管 9013×2;
(8) 虚拟仪器(选用)。

四、预习要求

复习教材中有关 LC 振荡器的内容。

五、实验内容

按图 19-1 连接实验电路。电位器 R_p 置最大位置,振荡电路的输出端接示波器。

1) 静态工作点的调整

(1) 接通 $U_{CC}=+12$ V 电源,调节电位器 R_p,使输出端得到不失真的正弦波形。如不起振,可改变 L_2 的首末端(同各端)位置,使之起振。

测量两管的静态工作点及正弦波的有效值 U_o,记入表 17-1。

(2) 把 R_p 调小,观察输出波形的变化。测量有关数据,记录之。

(3) 调大 R_p,使振荡波形刚刚消失,测量有关数据,记录之。

表 17-1

		U_B/V	U_E/V	I_C/mA	U_o/V	U_o波形
R_p居中	V_1					
	V_2					
R_p小	V_1					
	V_2					
R_p大	V_1					
	V_2					

根据以上三组数据,分析静态工作点对电路起振、输出波形幅度和失真的影响。

2) 观察反馈量大小对输出波形的影响

置反馈线圈 L_2 于位置"0"(无反馈)、"1"(反馈量不足)、"2"(反馈量合格)、"3"(反馈量过强)时测量相应的输出电压波形,记入表 17-2。

表 17-2

L_2位置	"0"	"1"	"2"	"3"
U_o波形				

3)验证相位条件

(1)改变线圈 L_2 的首、末端位置,观察停振现象。

(2)恢复 L_2 的正反馈接法,改变 L_1 的首末端位置,观察停振现象。

4)测量振荡频率

调节 R_p 使电路正常起振,同时用示波器和频率计测量以下两种情况下的振荡频率 f_o,记入表 17-3。

① $C = 1000$ pF;

② $C = 100$ pF。

表 17-3

C/pF	1000	100
f/kHz		

5)观察谐振回路 Q 值对电路工作的影响

谐振回路两端并入 $R = 5.1$ kΩ 的电阻,观察 R 并入前后振荡波形的变化情况。

说明:本实验内容较多,其中 5 可作为选作内容。本实验内容中均可用虚拟仪器代替常规测量仪器进行测量,并可将波形存储和打印。

六、实验报告要求

(1)整理实验数据,并分析讨论:

① LC 正弦波振荡器的相位条件和幅值条件。

② 电路参数对 LC 振荡器起振条件及输出波形的影响。

(2)讨论实验中发现的问题及解决办法。

七、思考题

(1)LC 振荡器是怎样进行稳幅的? 在不影响起振的条件下,晶体管的集电极电流是大一些好,还是小一些好?

(2)为什么可以用测量停振和起振两种情况下晶体管的 U_{BE} 变化,来判断振荡器是否起振?

实验十八　函数信号发生器的组装与调试

一、实验目的

(1) 掌握单片集成函数信号发生器 XR－2206 的功能及使用方法。

(2) 进一步掌握波形参数的测试方法。

二、实验原理

1. 芯片介绍

XR－2206 是一种单片集成函数信号发生器电路，能产生高稳定度和高精度的正弦波、方波、三角波、斜波和矩形脉冲波，这些输出信号可受外加电压控制，从而可实现振幅调制(AM)或频率调制(FM)。其工作频率范围为 0.01 Hz~1 MHz。XR－2206 可广泛应用于各种波形信号发生器、正弦波或脉冲波的 AM/FM 发生器、扫频振荡器、电压/频率转换器、位移键控(FSK)发生器、调制解调器(MODEM)。也可在锁相环路(PLL)中作压控振荡器(VCO)使用。

2. 功能特性

XR－2206 采用双列直插式塑封，其引脚排列如图 18－1 所示，引脚功能如表 18－1 所示。

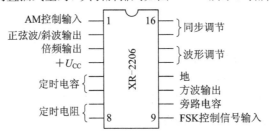

图 18－1　XR－2206 引脚图

表 18－1

引脚	功　能	引脚	功　能
1	AM 控制信号输入端	9	FSK(频移键控)控制信号输入端
2	正弦波/斜波输出端	10	地端
3	倍频输出端	11	方波输出端
4	正电源端	12	接地端
5	压控振荡器定时电容端	13	输出波形调整端
6	压控振荡器定时电容端	14	输出波形调整端
7	外接定时电阻端	15	波形对称调整端
8	外接定时电阻端	16	波形对称调整端

XR-2206 的典型电气参数为：电源电压 U_{CC} 为 $0\sim26$ V；扫描频率范围为 2000∶1，最低振荡频率为 0.01 Hz，最高振荡频率为 1 MHz，正弦波失真度为 0.5%，振幅稳定度优于 0.5 dB(相对于 1000∶1 的扫频范围)，线性 AM 范围为 100%，FSK 控制电平为 1.4 V($0.8\sim2.4$ V)，可调节占控比为 1%$\sim$99%，正弦波输出阻抗为 600 Ω，功耗为 750 mW。

图 18-2 是 XR-2206 的内部功能方框图。XR-2206 内部 VCO 有 7 脚和 8 脚两个独立的引脚，可分别与地端接两个独立的定时电阻 R_{t1} 和 R_{t2}。电流开关受 9 脚上电压的控制。这两个定时电阻端的内部偏置为 3.125 V，最大允许电流为 3 mA。所以，R_{t1} 和 R_{t2} 的阻值均应在 1 kΩ 以上。

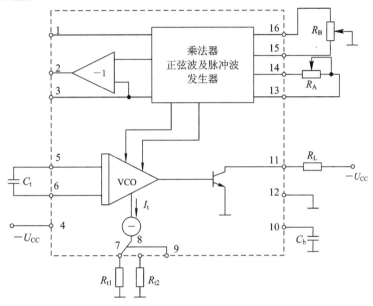

图 18-2　XR-2206 内部功能方框图

在定时电阻 R_{t1} 和 R_{t2} 端不加外部控制电压和施加外部控制电压时，电路分别如图 18-3、图 18-4 所示。由于电路的振荡频率是流过定时端(7 脚或 8 脚)的电流 I_t 和定时电容 C_t 的函数，即 $f_c=0.32I_t/C_t$，所以图 18-3 所示电路的振荡频率为

$$f_c = \frac{1}{R_{t2}C_t} \cdot \frac{1}{1+\dfrac{R_{t2}}{R_c\left(1-\dfrac{V_{con}}{3.125}\right)}} \tag{18-1}$$

图 18-3　定时电阻不加外部控制电压电路

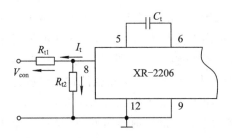

图 18-4 定时电阻施加外部控制电压电路

由式 18-1 可知，当控制电压 V_{con} 变化时，电路的振荡频率 f_c 也随之发生变化，或者说振荡频率受到调制。将式（18-1）对 V_{con} 微分，则有 $K=-0.32/(R_cC_t)$。式中，系数 K 为电压频率转换增益，单位是 Hz/V。因此，要得到有一定扫频范围的振荡，必须在 R_{t1} 和 R_{t2} 端加一定的控制电压。K 为负值，其物理意义是控制电压 V 越大，则振荡频率越低。

三、实验电路

1. 频率可变的正弦波信号发生器

图 18-5 为利用 XR-2206 设计的一个频率范围为 20 Hz～20 kHz、扫频控制电压为 0～10 V 的正弦波发生器。根据设计要求，$K=(20\ \text{kHz}-20\ \text{Hz})/10\ \text{V}\approx2\ \text{kHz/V}$。

由于 $K=-0.32/(R_cC_t)$ 及 $f_c=0.32I_t/C_t$，又因为定时端最大电流不能超过 3 mA，现取 $I_t=2.5\ \text{mA}$，故可得出 $C_t=0.04\ \mu\text{F}$，再进一步算出 $R_c=4\ \text{k}\Omega$，$R_{t2}=1.8\ \text{k}\Omega$。

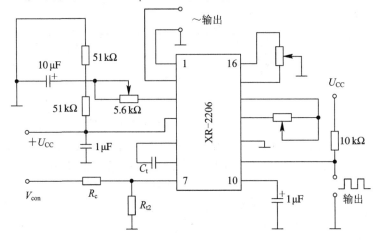

图 18-5 频率可变的正弦波信号发生器

2. FSK（移频键控）发生器

FSK 是用于通过语音类信号（例如电话线）来传送数据的一种方法。在这种应用中，被传送的数据首先必须变换成与传输介质相容的信号（例如音频信号），数据以这种形式传送到接收器之后，再解调变换为原来的数字信号。完成这种功能的部件称为调制解调器。调制器产生 FSK 信号，称为 FSK 发生器。解调器则将 FSK 信号解调为数字信号，称为 FSK 解调器。利用 XR-2206 构成的 FSK 发生器实际上是 FM 传输的特殊情况，其输出信号频率仅是两个期望频率中的一个，由数字信号的状态决定，FSK 控制电平为 1.4 V。

图 18-6 是广泛用于计算机网、办公室自动化系统、远程自控系统及移频通信中的

FSK 发生器。当数据传输速率 $f_s=2400$ b/s 时，按照推荐标准，副载波频率 $f_c=3.3$ kHz 时，移频频率 $f_1=4.1$ kHz，$f_2=2.5$ kHz，选用 $C_t=0.01$ μF，则由 $f_1=1/(R_{t1}C_t)$，$f_2=1/(R_{t2}C_t)$，可算得 $R_{t1}=24.4$ kΩ，$R_{t2}=40$ kΩ（可由固定电阻和可调电阻实现）。其输出 FSK 信号幅度正比于 XR-2206 的 3 脚上的外接电阻 R_3，对于正弦 FSK 信号而言，其峰值幅度 $V=0.6R_3$（V）。R_3 的阻值为 5.1 kΩ。XR-2206 的 13 脚与 14 脚之间所接的 200 Ω 电阻，可改善正弦波的失真，如果在 13、14 脚之间接一个 330 Ω 电位器，在 15、16 脚间接一个 68 kΩ 电位器，则仔细调节两个电位器后，谐波失真可减小到 0.5% 以下。

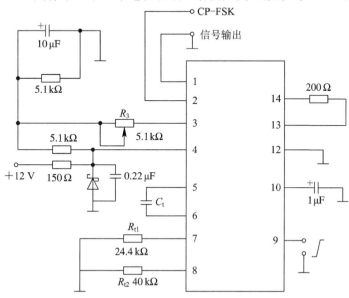

图 18-6　FSK 发生器

3. 锯齿波信号发生器

图 18-7 是利用方波信号发生器的输出端（11 脚），反馈到 FSK 输入端（9 脚）的 XR-2206 构成的锯齿波信号发生器。只要选择好两个定时电阻 R_{t1} 和 R_{t2}，该振荡器就能输出占空比从 0.1% 调到 99% 的脉冲。

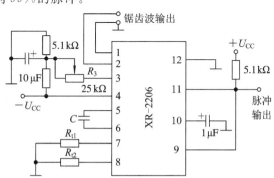

图 18-7　锯齿波信号发生器

四、实验设备与器件

（1）±6 V 直流电源；

(2) 双踪示波器；

(3) 频率计；

(4) 直流电压表；

(5) XR－2206；

(6) 虚拟仪器(选用)。

五、实验内容

(1) 按图 18－5～图 18－7 所示的电路图选择一种组装电路。

(2) 调整电路，使其产生振荡，形成相应波形。

(3) 改变 C_t 的取值，并分别记录相应频率。用示波器观测 XR－2206 各输出端的波形，反复调整相应电位器，使输出波形不产生明显的失真。

说明：本实验内容中均可用虚拟仪器代替常规测量仪器进行测量，并可将波形存储和打印。

六、实验报告

列表整理 C 取不同值时三种波形的频率和幅度值。

七、思考题

举例说明单片集成函数信号发生器还有哪些型号。

实验十九　直流稳压电源(Ⅰ) ——串联型晶体管稳压电路

一、实验目的

(1) 研究单相桥式整流、电容滤波电路的特性。

(2) 掌握串联型晶体管稳压电路主要技术指标的测试方法。

二、实验原理

电子设备一般都需要直流电源供电。这些直流电除了少数直接利用干电池和直流发电机提供外,大多数是采用把交流电(市电)转变为直流电的直流稳压电源提供。

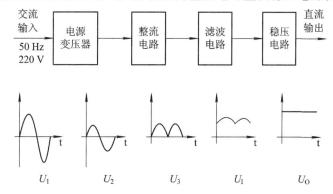

图 19-1　直流稳压电源组成框图及各部分对应的波形图

直流稳压电源由电源变压器、整流电路、滤波电路和稳压电路四部分组成,其组成框图及各部分对应的波形图如图 19-1 所示。电网供给的交流电压 U_1(220 V,50 Hz)经电源变压器降压后,得到符合电路需要的交流电压 U_2,然后由整流电路变换成方向不变、大小随时间变化的脉动电压 U_3,再用滤波器滤去其交流分量,就可得到比较平直的直流电压 U_i。但这样的直流输出电压,还会随交流电网电压的波动或负载的变动而变化。在对直流供电要求较高的场合,还需要使用稳压电路,以保证输出直流电压更加稳定。

图 19-2 是由分立元件组成的串联型稳压电路的电路图。其整流部分为单相桥式整流电路,滤波采用电容滤波电路,稳压部分为串联型稳压电路。稳压电路由调整元件(晶体管 V_1);比较放大器 V_2、R_7;取样电路 R_1、R_2、R_p;基准电压 R_3、D_w 和过流保护电路 V_3、R_4、R_5、R_6 等组成。整个稳压电路是一个具有电压串联负反馈的闭环系统,其稳压过程为:当电网电压波动或负载变动引起输出直流电压发生变化时,取样电路取出输出电压的一部分送入比较放大器,并与基准电压进行比较,产生的误差信号经 V_2 放大后送至调整管 V_1 的基极,使调整管改变其管压降,以补偿输出电压的变化,从而达到稳定输出电压的目的。

由于在稳压电路中,调整管与负载串联,因此流过它的电流与负载电流一样大。当输出电流过大或发生短路时，调整管会因电流过大或电压过高而损坏，所以需要对调整管加以保护。在图 19-2 电路中，晶体管 V_3 及电阻 R_4、R_5、R_6 组成限流型保护电路。

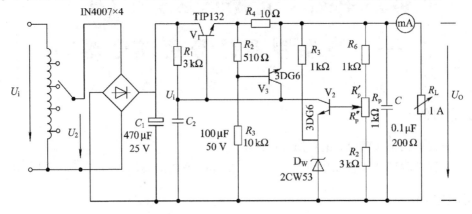

图 19-2　串联型稳压电源实验电路

稳压电源的主要性能指标如下：

（1）输出电压 U_o 和输出电压调节范围为

$$U_o = \frac{R_1 + R_p + R_2}{R_2 + R''_p}(U_Z + U_{BE3})$$

调节 R_p 可以改变输出电压 U_o。

（2）最大负载电流 I_{om}。

（3）输出电阻 R_o。输出电阻 R_o 定义为：当输入电压 U_i（稳压电路输入）保持不变，由于负载变化而引起的输出电压变化量与输出电流变化量之比，即

$$R_o = \frac{\Delta U_o}{\Delta I_o}\bigg|_{U_i = 常数}$$

（4）稳压系数 S（电压调整率）。稳压系数定义为：当负载保持不变，输出电压相对变化量与输入电压相对变化量之比，即：

$$S = \frac{\Delta U_o / U_o}{\Delta U_r / U_r}\bigg|_{R_L = 常数}$$

由于工程上常把电网电压波动 $\pm 10\%$ 做为极限条件，因此也有将此时输出电压的相对变化 $\Delta U_o / U_o$ 做为衡量指标，称为电压调整率。

（5）纹波电压。输出纹波电压是指在额定负载条件下，输出电压中所含交流分量的有效值（或峰值）。

三、实验设备与器件

（1）可调工频电源；

（2）双踪示波器；

（3）交流毫伏表；

（4）直流电压表；

（5）直流毫安表；

（6）滑线变阻器，规格为 200 Ω/1 A；

（7）虚拟仪器(选用)；

（8）晶体管 3DG6×2(9011×2)、9013×1、IN4007×4、2CW53×1。

四、预习要求

（1）复习教材中有关分立元件稳压电路部分的内容，并根据实验电路参数估算 U_o 的可调范围及 $U_o = 9$ V 时 V_1、V_2 管的静态工作点（假设调整管的饱和压降 $U_{CE1s} \approx 1$ V）。

（2）说明图 19-2 中 U_i、U_2 及 U_o 的物理意义，并从实验仪器中选择合适的测量仪表。

（3）为了使稳压电路的输出电压 $U_o = 9$ V，则其输入电压的最小值 U_{imin} 应等于多少？交流输入电压 U_{2min} 又怎样确定？

（4）分析保护电路的工作原理。

五、实验内容

1. 整流滤波电路测试

按图 19-3 连接实验电路。将可调工频电源调至 14 V，作为整流电路输入电压 U_2。

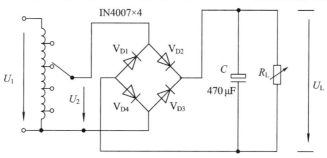

图 19-3 整流滤波电路

（1）取 $R_L = 240$ Ω，不加滤波电容，测量直流输出电压 U_L 及纹波电压 $\overline{U}_L$，并用示波器观察 U_2 和 U_L 波形，记入表 19-1。

表 19-1　　　　　　　　　　　　　　　　　　　　　　　　　　　　　　　　$U_2 =$ 　V

电路形式	U_L/V	$\overline{U}_L/V$	U_L 波形
$R_L = 240$ Ω			
$R_L = 240$ Ω $C = 470$ μF			

电路形式	U_L/V	$\overline{U}_L/V$	U_L波形
$R_L=120\ \Omega$ $C=470\ \mu F$			

（2）取 $R_L=240\ \Omega$，$C=470\ \mu F$，重复内容（1）的要求，记入表 19-1。

（3）取 $R_L=120\ \Omega$，$C=470\ \mu F$，重复内容（1）的要求，记入表 19-1。

注意：

① 每次改接电路时，必须切断工频电源。

② 观察输出电压 U_L 波形的过程中，"Y 轴灵敏度"旋钮位置调好以后，不要再变动，否则将无法比较各波形的脉动情况。

2. 串联型稳压电路性能测试

切断工频电源，在图 19-3 基础上按图 19-2 连接实验电路。

1）初测

稳压电路输出端负载开路，断开保护电路，接通 14 V 工频电源，用直流电压表测量滤波电路输出电压 U_i（稳压器输入电压）及输出电压 U_o。调节电位器 R_p，如果 U_o 能跟随 R_p 线性变化，这说明稳压电路各反馈环路工作基本正常。否则，说明稳压电路有故障，应进行检查。此时可分别检查基准电压 U_Z，输入电压 U_i，输出电压 U_o，以及比较放大器和调整管各电极的电位（主要是 U_{BE} 和 U_{CE}），分析它们的工作状态是否都处在线性区，从而找出不能正常工作的原因。排除故障以后就可以进行下一步测试。

2）测量输出电压可调范围

使 R_p 动点在中间位置附近时 $U_o=9$ V，调节负载使输出电流 $I_o=100$ mA。再调节电位器 R_p，测量输出电压可调范围 $U_{omin}\sim U_{omax}$。

3）测量各级静态工作点

调节输出电压 $U_o=9$ V，输出电流 $I_o=100$ mA，测量各级静态工作点，记入表 19-2。

表 19-2　　　　　　　　　　　　　　　　　　　($U_2=14$ V　$U_o=9$ V　$I_o=100$ mA)

	V_1	V_2	V_3
U_B/V			
U_C/V			
U_E/V			

4）测量稳压系数 S

取 $I_o=100$ mA，改变整流电路输入电压 U_2（模拟电网电压波动），分别测出相应的稳压电路输入电压 U_i 及输出直流电压 U_o，把测量结果记入自拟表格中。

5）测量输出电阻 R_o

取 $U_2=14$ V，改变负载大小，使 I_o 为空载、$I_o=50$ mA 和 $I_o=100$ mA，分别测量相应

的 U_o 和 R_o 值，把测量结果记入自拟表格中。

6）测量输出纹波电压

取 $U_2 = 14$ V，$U_o = 9$ V，$I_o = 100$ mA，测量输出纹波电压 $\overline{U_o}$，记录之。

7）调整过流保护电路

（1）断开工频电源，接上保护回路，再接通工频电源，调节 R_P 及 R_L 使 $U_o = 9$ V，$I_o = 100$ mA，此时保护电路应不起作用，测出 V_3 管各极电位值。

（2）逐渐减小 R_L，使 I_o 增加到 120 mA，观察 U_o 是否下降，并测出保护起作用时 V_3 管各级的电位值。若保护作用过早或滞后，可改变 R_4 之值进行调整。

（3）用导线瞬时短接一下输出端，然后去掉导线，检查电路是否能自动恢复正常工作。

说明：本实验内容较多，其中测量输出电阻 R_o、测量输出纹波电压及调整过流保护电路等可作为选作内容。本实验内容中均可用虚拟仪器代替常规测量仪器进行测量，并可将波形存储和打印。

六、实验报告要求

（1）对表 19-1 所测结果进行全面分析，总结桥式整流、电容滤波电路的特点。

（2）根据表 19-3 和表 19-4 所测数据，计算稳压电路的稳压系数 S 和输出电阻 R_o，并进行分析。

（3）分析讨论实验中出现的故障及排除方法。

七、思考题

（1）在桥式整流电路实验中，能否用双踪示波器同时观察 U_2 和 U_L 波形，为什么？

（2）在桥式整流电路中，如果某个二极管发生开路、短路或反接三种情况，将会出现什么问题？

（3）当稳压电源输出不正常，或输出电压 U_o 不随取样电位器 R_P 而变化时，应如何进行检查找出故障所在？

（4）怎样提高稳压电源的性能指标（减小 S 和 R_o）？

实验二十 直流稳压电源(Ⅱ)
——集成稳压器

一、实验目的

(1) 研究集成稳压器的特点和性能指标的测试方法。

(2) 了解集成稳压器扩展性能的方法。

二、实验原理

随着半导体工艺的发展,稳压电路也制成了集成器件。由于集成稳压器具有体积小、外接线路简单、使用方便、工作可靠和通用性等优点,因此在各种电子设备中应用种类很多,应根据设备对直流电源的要求来进行选择。对于大多数电子仪器、设备和电子电路来说,通常选用串联线性集成稳压器。而在这种类型的器件中,又以三端式稳压器应用最为广泛。

78、79 系列三端式集成稳压器的输出电压是固定的,在使用中不能进行调整。78 系列三端式稳压器输出正极性电压,一般有 5 V、6 V、9 V、12 V、15 V、18 V、24 V 七个档次,输出电流最大可达 1.5 A(加散热片)。同类型 78M 系列稳压器的输出电流为 0.5 A,78L 系列稳压器的输出电流为 0.1 A。若要求负极性输出电压,则可选用 79 系列稳压器。图 20-1 为 78 系列集成稳压器的外形和接线图。它有三个引出端:输入端(不稳定电压输入端),标以"1";输出端(稳定电压输出端),标以"3";公共端,标以"2"。

除固定输出三端稳压器外,尚有可调式三端稳压器,后者可通过外接元件对输出电压进行调整,以适应不同的需要。

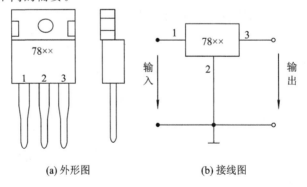

(a) 外形图　　　　　　　　(b) 接线图

图 20-1 78 系列集成稳压器外形及接线图

本实验所用集成稳压器为三端固定正稳压器 7812,它的主要参数有:输出直流电压 $U_o = +12$ V,输出电流 7812L 为 0.1 A,7812M 为 0.5 A,电压调整率为 10 mV/V。输出电阻 $R_o = 0.15$ Ω,输入电压 U_i 的范围 15~17 V。因为一般 U_i 要比 U_o 大 3~5 V,才能保证集成稳压器工作在线性区。

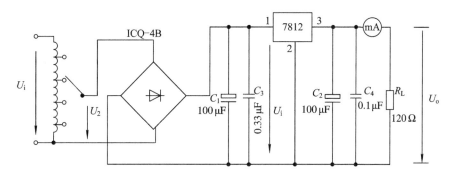

图 20-2　由 7812 构成的单电源电压输出串联型稳压电源

图 20-2 是用三端式稳压器 7812 构成的单电源电压输出串联型稳压电源的实验电路图。其中整流部分采用了由四个二极管组成的桥式整流器成品（又称桥堆），型号为 ICQ-4B，外部管脚引线和内部接线如图 20-3 所示。滤波电容 C_1、C_2 一般选取几百至几千微法。当稳压器距离整流滤波电路比较远时，在输入端必须接入电容器 C_3（数值为 0.33 μF），以抵消线路的电感效应，防止产生自激振荡。输出端电容 C_4（数值为 0.1 μF）用以滤除输出端的高频信号，改善电路的暂态响应。

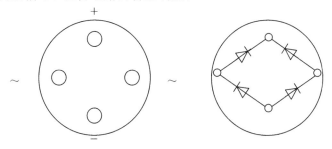

图 20-3　ICQ-4B 管脚和内部接线图

图 20-4 为三端式稳压器正、负双电压输出电路，例如需要 $U_{o1} = +18$ V，$U_{o2} = -18$ V，则可选用 7818 和 7918 三端稳压器，这时的 U_i 应为单电压输出时的两倍。当集成稳压器本身的输出电压或输出电流不能满足要求时，可通过外接电路来进行性能扩展。

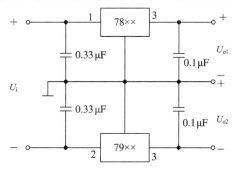

图 20-4　正、负电压输出电路

图 20-5 是一种简单的输出电压扩展电路。如 7812 稳压器的 3、2 端间输出电压为 12 V，因此只要适当选择 R 的值，使稳压管 D_w 工作在稳压区，则输出电压 $U_o = 12 + U_z$，可以高于稳压器本身的输出电压。

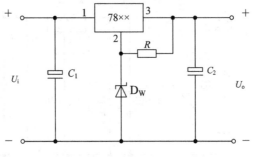

图 20-5　输出电压扩展电路

图 20-6 是通过外接晶体管 V 及电阻 R_1 来进行电流扩展的电路。电阻 R_1 的阻值由外接晶体管的发射极导通电压 U_{BE}、三端式稳压器的输入电流 I_i（近似等于三端稳压器的输出电流 I_{o1}）和 V 的基极电流 I_B 来决定，即：

$$R_1 = \frac{U_{BE}}{I_R} = \frac{U_{BE}}{I_i - I_B} = \frac{U_{BE}}{I_{o1} - \frac{I_C}{\beta}}$$

式中：I_C 为晶体管 V 的集电极电流，它应等于 $I_C = I_o - I_{o1}$；β 为 V 的电流放大系数；对于锗管 U_{BE} 可按 0.3 V 估算，对于硅管 U_{BE} 按 0.7 V 估算。

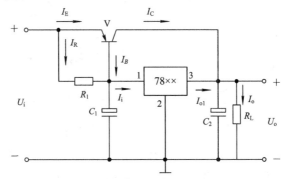

图 20-6　输出电流扩展电路

图 20-7 为 79 系列三端式稳压器（输出负电压）的外形图及接线图。

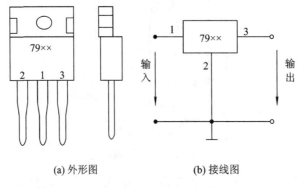

(a) 外形图　　　　　　　(b) 接线图

图 20-7　79 系列集成稳压器外形及接线图

图 20-8 为可调输出正三端稳压器 317 的外形图及接线图。

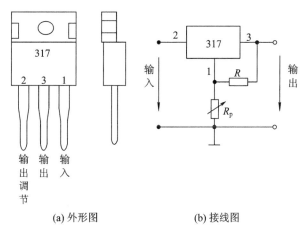

(a) 外形图　　　　　　　(b) 接线图

图 20-8　317 外形图及接线图

三、实验设备与器件

(1) 可调工频电源；

(2) 双踪示波器；

(3) 交流毫伏表；

(4) 直流电压表；

(5) 直流毫安表；

(6) 虚拟仪器(选用)；

(7) 三端稳压器 7812×1、7912×1，桥堆 ICQ-4B×1。

四、预习要求

(1) 复习教材中有关集成稳压器部分的内容。

(2) 列出实验内容中所要求的各种表格。

(3) 考虑在测量稳压系数 S 和电阻 R_o 时，应怎样选择测试仪表。

五、实验内容

1. 整流滤波电路测试

按图 20-9 连接实验电路，取可调工频电源 14 V 电压作为整流电路输入电压 U_2。接通工频电源，测量输出端直流电压 U_L 及纹波电压，用示波器观察 U_2 和 U_L 的波形，把数据及波形记入自拟表格中。

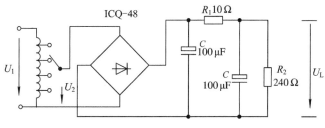

图 20-9　整流滤波电路

2. 集成稳压器性能测试

断开工频电源，按图 20-2 改接实验电路，取负载电阻 $R_L = 120\ \Omega$。

1）初测

接通工频 14 V，测量 U_2 值，测量滤波电路输出电压（亦为集成稳压器输入电压）U_i，集成稳压器输出电压 U_o。它们的数值应与理论值大致符合，否则说明电路出了故障。设法查找故障并加以排除。

电路经初测进入正常工作状态后，才能进行各项指标的测试。

2）各项性能指标测试

（1）输出电压 U_o 和最大输出电流 I_{omax}。

在输出端接负载电阻 $R_L = 120\ \Omega$，由于 7812 输出电压 $U_o = 12$ V，因此流过 R_L 的电流为 $I_{omax} = 100$ mA。这时 U_o 应基本保持不变，若变化较大则说明集成电路性能不良。

（2）稳压系数 S 的测量。

（3）输出电阻 R_o 的测量。

（4）输出纹波电压的测量。

（2）、（3）、（4）的测试方法同实验十九，把测量结果记入自拟表格中。

3）集成稳压器性能扩展

根据实验器材，选取图 20-4 和图 20-5 中各元件器材，并自拟测试方法与表格，记录实验结果。

说明：本实验内容较多，其中集成稳压器性能扩展可作为选作内容。本实验内容中均可用虚拟仪器代替常规测量仪器进行测量，并可将波形存储和打印。

六、实验报告要求

（1）整理实验数据，计算 S 和 R_o，并与手册上的典型值进行比较。

（2）分析讨论实验中发生的现象和问题。

七、思考题

（1）三端式集成稳压器的输出端能否接较大的滤波电容？为什么？

（2）用固定三端式集成稳压器能否组成输出可调的稳压电源？应怎样设计？

实验二十一 综合设计实验 ——信号的产生和放大电路的设计与测试

一、实验任务

设计和制作一个完整的电路，产生 1 kHz 的正弦信号，并将其放大到 1～10 W 输出（应包括正弦信号发生器、功率放大电路和稳压电源电路），进行现场测试并写出设计报告。

二、实验要求

（1）正弦信号发生器的频率误差应小于 ±10%。

（2）功率放大电路的输出功率应大于 1 W，小于 10 W，并且失真度要小。

参 考 文 献

［1］　童诗白，华成英. 模拟电子技术基础. 4 版. 北京：高等教育出版社，2006

［2］　康华光. 电子技术基础. 4 版. 北京：高等教育出版社，1998

［3］　秦曾煌. 电工学（下册）：电子技术. 5 版. 北京：高等教育出版社，1999

［4］　孙肖子. 模拟电子电路及技术基础. 2 版. 西安：西安电子科技大学出版社，2008

［5］　叶致诚，等. 电子技术基础实验. 北京：高等教育出版社，1995

［6］　章忠全. 电子技术基础：实验与课程设计. 北京：中国电力工业出版社，1999

［7］　谢自美. 电子线路设计、实验、测试. 武汉：华中理工大学出版社，1994

［8］　蔡忠法. 电子技术实验与课程设计. 杭州：浙江大学出版社，2003